本試験形式！

Quality　Control

2級QC検定

模擬テスト

東京大学工学博士 福井清輔 編著

JN073109

弘文社

まえがき

　本書は，一般財団法人日本規格協会および一般財団法人日本科学技術連盟が主催する品質管理検定（QC 検定）の 2 級を受検する方のための模擬テスト集です。

　品質管理検定 2 級は 3 級や 4 級の内容を含みながらも，さらに高度な内容となっていますが，本書はその範囲もカバーして学習できるようになっております。

　多くの資格試験の合格基準は一般的に60〜70％となっています。品質管理検定も，年度ごとの問題の難易度により多少の合格基準の変動もあるようですが，概ね70％で合格です。100％の問題の正解を出さなければいけないというものではありません。ですから，「問題をすべて解かなければならない」と思われる必要はありません。コツコツと着実に少しずつ解ける問題を増やしていきましょう。

　本書を活用されて，多くの方が目標とされる品質管理検定の資格を取得され，就職活動などで活かしていただくことはもちろんのこと，所属される組織の仕事においてもその実力を十分に発揮されますよう，期待しております。

著者

目　次

品質管理検定受検ガイド

QC 検定とは

品質管理に関する知識をどの程度もっているかを客観的に評価するための試験です。

受検資格

各級とも制限はありません。

試験日

年2回（9月と3月）

合格基準（2級）

●出題を手法分野・実践分野に分類し，各分野概ね50％以上
●総合得点概ね70％以上

QC 検定に関するお問い合わせ

QC 検定センター

〒108－0073　東京都港区三田3－13－12　三田MTビル

TEL：03－4231－8595

E-mail：kentei@jsa.or.jp

※本項記載の情報は変更される可能性もあります。詳しくは試験機関のウェブサイト等でご確認ください。

模擬テスト
問題

試験時間は90分です。
この時間で挑戦されるか
どうかはご自分の胸に手
をあてて自信のほどと相
談してみてください。
さあ，スタートです！

第1回
模擬テスト
問題

問 1 サンプリングに関する次の文章において，□内に入るもっとも適切なものを次の選択肢から選び，解答欄に記入しなさい。ただし，各選択肢を複数回用いてもよい。

① 母集団からサンプルをとることをサンプリングといい，サンプリング法には，次のようなものがある。

・母集団を構成するサンプリング単位が同じ確率で入るようにサンプリングする方法： 1

・母集団中のサンプリング単位が生産順のような何らかの順序で並んでいるとき，一定の間隔でサンプリング単位をとる方法： 2

・母集団を層別し，各層から各々ランダムサンプリングする方法：層別サンプリング

・母集団をいくつかの部分（集落）に分け，それらの集落のうちいくつかをランダムに選び，選んだ集落からすべてのサンプル単位をとる方法：集落サンプリング

② 層別サンプリングでは，層内のばらつきが 3 なるように層を設定することが重要であり，集落サンプリングでは，集落間の差が 4 なるように，集落内のばらつきが 5 なるように設定する。

選択肢
ア．単純ランダムサンプリング　　イ．二段サンプリング
ウ．系統サンプリング　　エ．多段サンプリング
オ．比例サンプリング　　カ．大きく　　キ．小さく　　ク．無関係に

解答欄

1	2	3	4	5

問2 データを扱う際の記号に関する次のそれぞれの記述について，正しいものには〇を，正しくないものには×を解答欄に記入しなさい。

① 一般に $\bar{x}$ や $V(x)$ は x の平均値を意味する記号である。   6

② 一般に中央値は $\underset{\sim}{x}$ と表記することがある。   7

③ $\{x_i\}$ $(i = 1 \sim n)$ という表現は，$\{\ \ \}$ が集合を表すことから，データなど n 個の変量を表している。   8

④ モードとは最頻値のことであるが，その記号は，通常 $\tilde{x}$ である。   9

⑤ x_i の i を1から n まで変化させて，それらのすべての和をとることを意味するのは，$\displaystyle\sum_{i=n}^{1} x_i$ という表記である。   10

解答欄

6	7	8	9	10

11

問3 2つの量 a および b の平均を $M(a, b)$ と書く時，その $M(a, b)$ には次のような性質があるという。

A. $M(a, b)$ は a および b と同じ次元を有する。

B. $M(a, b) = M(b, a)$

C. $a = b$ の時，$M(a, b) = a = b$

次の各式において，上に記した平均の性質をすべて有しているものには〇を，そうでないものには×を記入しなさい。ただし，$\ln$ は自然対数を表すものとする。

① $M(a, b) = \dfrac{a+b}{2}$ | 11 |

② $M(a, b) = \dfrac{2ab}{a+b}$ | 12 |

③ $M(a, b) = \dfrac{a^2 - ab + b^2}{a+b}$ | 13 |

④ $M(a, b) = \sqrt{a+b}$ | 14 |

⑤ $M(a, b) = \dfrac{a-b}{\ln a - \ln b}$ | 15 |

解答欄

11	12	13	14	15

問 **4**

散布図とは，2つの変量の間の関係を把握しやすくするために，座標軸上のグラフとしてプロットしたものである。次の文章において，[　　　]内に入るもっとも適切なものを次の選択肢から選び，解答欄に記入しなさい。

次のA～Eの5つの散布図を相関係数の高い順に並べた場合，

[16] > [17] > [18] > [19] > [20]

となる。

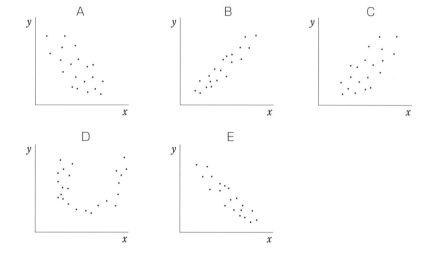

選択肢

ア．A　イ．B　ウ．C　エ．D　オ．E

解答欄

16	17	18	19	20

問 5 確率分布に関する次の文章において，□□□□内に入るもっとも適切なものを次の選択肢から選び，その記号を解答欄に記入しなさい。ただし，同一の選択肢を複数回用いることもあるものとする。

正規分布に従う互いに独立な確率変数 A および B があり，平均値がそれぞれ40.0および50.0，標準偏差がそれぞれ3.0および4.0であるという。これらの変数の和の期待値は ☐21☐ であり，差の期待値の絶対値は ☐22☐ である。また，これらの変数の和の標準偏差は ☐23☐ であり，差の標準偏差は ☐24☐ である。そして，A が B より大である確率は ☐25☐ である。

なお，以下の正規分布表を利用することが可能である。また，K_p は規格化された変数で，p は正規分布の上側確率を示すものである。

K_p	p
0.00	0.5000
1.00	0.1587
2.00	0.0228
3.00	0.0013

選択肢

ア．0.0013	イ．0.0228	ウ．0.1587	エ．0.5000
オ．0.7000	カ．1.0	キ．2.0	ク．3.0
ケ．4.0	コ．5.0	サ．6.0	シ．10.0
ス．20.0	セ．30.0	ソ．90.0	

解答欄

21	22	23	24	25

問 6

母集団の分散が不明である2つの集合があって，それらの標本データが次のように得られている。

A ＝ {1, 2, 3, 4, 5}

B ＝ {3, 4, 5, 6, 7}

この両者の母集団の平均値に差があるかどうかを危険率5％で検定しようとする場合，これに関する次のそれぞれの記述について，正しいものには〇を，正しくないものには×を解答欄に記入しなさい。ただし，必要に応じて次の表を参照してよい。

$t(8, 0.05) = 2.306$	$u(0.10) = 1.036$
$t(9, 0.05) = 2.262$	$u(0.05) = 1.645$
$t(10, 0.05) = 2.228$	$u(0.025) = 1.968$

① 分散が不明なので，平均値の差の検定には正規分布を用いる。 | 26 |

② 標本平均値は，集合Aが3.0，集合Bが5.0である。 | 27 |

③ 標本の分散は，いずれも3.0である。 | 28 |

④ 危険率5％で検定を実施すると，検定量である t_0 が2.0となるので両集団の母平均には有意差がないという結論に達する。 | 29 |

解答欄

26	27	28	29

問7

次のような変量の変換がある時，すなわち，変量を次のように置き換える時，①〜⑤の指標がこの変換によって変化しないものであれば〇を，変化するものであれば×を解答欄に記入しなさい。ただし，$\bar{x}$ および $E(x)$ は変量 x_i の平均値（期待値）を，$V(x)$ は x_i の分散を表す記法とし，S_{xx} は x_i の偏差平方和，S_{xy} は2つの変量 x_i と y_i の偏差積和，r_{xy} は x_i と y_i の相関係数を表すものとする。

$$x_i \rightarrow x_i - \bar{x}$$
$$y_i \rightarrow y_i - \bar{y}$$

① S_{xx}

② S_{xy}

③ r_{xy}

④ $E(x)$

⑤ $V(x)$

| 30 |
| 31 |
| 32 |
| 33 |
| 34 |

解答欄

30	31	32	33	34

問 8 二元配置法に関する次の文章において，□□□内に入るもっとも適切なものを次の選択肢から選び，その記号を解答欄に記入しなさい。ただし，同一の選択肢を複数回用いることはないものとする。

　影響する因子が複数存在する場合の実験計画においては，多元配置実験が行われる。一般に多元配置実験では，少なくとも因子の　35　数を掛けた回数だけ実験数が必要になり，因子数が多くなると実験回数はとてつもなく膨大な数になってしまう。そのために実験回数を少なくする工夫が　36　を用いた実験計画である。

　二元配置法は，2つの因子を対象としてそれぞれの因子に複数個の　35　を取り，各因子のすべての組合せ条件において実験を行うものである。それぞれの組合せ条件においてそれぞれ1回ずつの実験を行う場合を　37　二元配置法といい，それぞれの場合について複数回の実験を行う場合を　38　二元配置法といっている。

　　37　二元配置法は，　39　が誤差と交絡して，その効果が検出できない。そのため，　39　が考えられない場合や経験的に無視できる場合に用いられることになる。

選択肢

ア．標準	イ．基準	ウ．水準
エ．斜交表	オ．直交表	カ．重点化のある
キ．重点化のない	ク．基準のある	ケ．基準のない
コ．繰り返しのある	サ．繰り返しのない	シ．1因子交互作用
ス．2因子交互作用	セ．1因子交代作用	ソ．2因子交代作用

解答欄

35	36	37	38	39

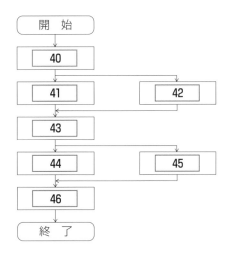

問9

図は，新 QC 七つ道具のひとつである PDPC 法の図である。この図は作業 P〜V を遂行するためのものであるとする時，□内に入るもっとも適切なものを次の選択肢から選び，解答欄に記入しなさい。

選択肢

ア．作業 Q または作業 R が完了したら，作業 S を実行する。

イ．作業 S が完了したら，作業 T を実行する。

ウ．作業 T が完了しなかったら，作業 U を実行する。

エ．作業 P が完了したら，作業 Q を実行する。

オ．作業 Q が完了しなかったら，作業 R を実行する。

カ．作業 T または作業 U が完了したら，作業 V を実行する。

キ．作業 P を実行する。

解答欄

40	41	42	43	44	45	46

問 10 QC 七つ道具および新 QC 七つ道具に関する次の説明の内容に該当するもっとも適切な手法の名称を選択肢の中より選び，解答欄に記入しなさい。

① 工程などを管理するために用いられる折れ線グラフ 　　 47

② 問題に関連して着目すべき要素を，碁盤の目のような行列図の縦と横に項目をつけて，項目と項目の交点において互いの関連の検討を行うための手法

　　 48

③ 2つの変量の座標軸を設定したグラフ上に打点したもの 　　 49

④ 計量値のデータの分布を示した柱状のグラフ 　　 50

⑤ 枝分かれした図によって，着眼点をもとに問題を分類しながら主に論理的に考えていくことで，問題を解析したり解決するための案を得たりする手法 　　 51

選択肢

ア．ヒストグラム 　　 イ．特性要因図
ウ．管理図 　　 エ．系統図法
オ．PERT 図法 　　 カ．親和図法
キ．散布図 　　 ク．チェックシート
ケ．マトリックス図法 　　 コ．連関図法
サ．パレート図

解答欄

47	48	49	50	51

問 11　検査の行われる目的あるいは段階によって分類される次のような検査は，何といわれるか。該当する適切な用語を次の選択肢から選び，解答欄に記入しなさい。ただし，同一の選択肢を複数回用いることはないものとする。

① 材料あるいは半製品（中間製品）を受け入れる段階において，一定の基準に基づいて受け入れの可否を判定する検査　　　　　　| 52 |

② 工場内において，半製品（中間製品）をある工程から次の工程に移動してもよいかどうかを判定するために行う検査　　　　　| 53 |

③ 完成した品物が，製品として要求事項を満たしているかどうかを判定するために行う検査　　　　　　　　　　　　　　　| 54 |

④ 製品を出荷する際に行う検査であって，輸送中に破損や劣化が生じないように梱包条件についても行う検査　　　　　　　| 55 |

⑤ 製造部門において，自分たちの製造した製品について自主的に行う検査　　　　　　　　　　　　　　　　　　　　　　| 56 |

選択肢

ア．実態検査　　　　　　　　　イ．最終検査（製品検査，完成品検査）
ウ．受入検査（購入検査）　　　エ．交代検査
オ．出荷検査　　　　　　　　　カ．工程間検査（工程内検査，中間検査）
キ．自主検査

解答欄

52	53	54	55	56

問 12

信頼度がすべて0.9である3個のブロックからなる次の①〜④のシステムにおいて，それらの総合信頼度はどのようになるか。それぞれに対しもっとも適切なものを次の選択肢から選び，その記号を解答欄に記入しなさい。ただし，同一の選択肢を複数回用いることもあるものとする。

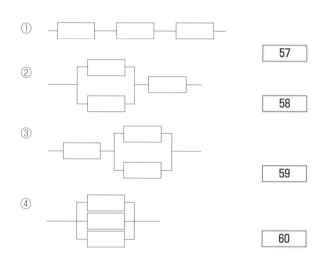

57

58

59

60

選択肢

ア．0.001 　　　イ．0.123 　　　ウ．0.256

エ．0.375 　　　オ．0.489 　　　カ．0.500

キ．0.625 　　　ク．0.667 　　　ケ．0.729

コ．0.750 　　　サ．0.891 　　　シ．0.999

解答欄

57	58	59	60

問 13 工程能力指数に関する次のそれぞれの記述について，正しいものには〇を，正しくないものには×を解答欄に記入しなさい。ただし，$\overline{X}$ はデータの平均値とする。

① 工程能力指数 C_p は，規格限界の上下限の差を標準偏差で割って，さらにそれを6で割って求めるが，ここで標準偏差には通常，データの標準偏差が用いられる。時には，工程が統計的管理状態にある場合の $\overline{X}-R$ 管理図からの群内変動 $\overline{R}/\delta_2$ を用いることもある。 61

② かたより度を考慮した工程能力指数 C_{pk} は，かたより度 k が1の時，通常の工程能力指数 C_p に一致する。 62

③ 工程能力指数に関するかたより度は，次の関係が成り立つ時，$k=1$ となる。ここに，S_U および S_L はそれぞれ上限および下限の規格限界とする。

$$\overline{X} = \frac{S_U + S_L}{2}$$

63

④ 片側規格のみが存在するケースでは，その限界規格値と平均値の差を標準偏差の3倍で割ることによって，工程能力指数が求められる。 64

⑤ 工程能力指数 C_{pk} には，平均値に近いほうの規格限界（上限または下限）を S_N として次のように求める定義もある。ここに，s はデータの標準偏差とする。

$$C_{pk} = \frac{|S_N - \overline{X}|}{3s}$$

65

解答欄

61	62	63	64	65

問 14 故障関係における定量的な扱いに関する次のそれぞれの記述について，正しいものには〇を，正しくないものには×を解答欄に記入しなさい。

① 故障密度関数を $f(t)$ と表せば，時刻 a と b の間の全体に対する故障率は次のように表される。

$$\int_a^b f(t)\,dt$$

66

② 時刻 t までの累積故障率 $F(t)$ は，不信頼度と呼ばれる。

67

③ 信頼度関数と不信頼度関数は互いに逆数の関係である。

68

④ 故障密度関数 $f(t)$ と信頼度関数 $R(t)$ の間には次のような関係がある。

$$f(t) = \frac{dR(t)}{dt}$$

69

⑤ 故障率関数 $\lambda(t)$ は故障密度関数と信頼度関数の比で定義される。

70

解答欄

66	67	68	69	70

問 15 管理図に関する次のそれぞれの記述について，正しいものには○を，正しくないものには×を解答欄に記入しなさい。

① $\bar{X}-R$ 管理図によく似ているものに，メディアン$-R$ 管理図があるが，これは平均値を毎回計算しなくてもよいという特徴がある。　　[71]

② $\bar{X}-R$ 管理図においては，どのような場合であっても $\bar{X}$ 管理図の側に中心線と上方および下方限界線が引かれる。　　[72]

③ $\bar{X}-R$ 管理図においては，どのような場合であっても R 管理図の側に中心線と上方および下方限界線が引かれる。　　[73]

④ $\bar{X}-R$ 管理図は計数値の管理において用いられるものとして代表的なものであるが，これとは別に計量値の管理図としては，p 管理図，np 管理図，u 管理図，c 管理図などが用いられる。　　[74]

⑤ $X-$移動範囲管理図は，データが1日に1個しかない場合や，ロットから1個のデータしか取れないような場合に用いられる管理図であって，$X-R$ 管理図，あるいは$X-Rs$ 管理図などともいわれる。　　[75]

解答欄

71	72	73	74	75

問 16 品質に関する次の文章において，□□□内に入るもっとも適切なものを次の選択肢から選び，その記号を解答欄に記入しなさい。ただし，同一の選択肢を複数回用いることはないものとする。

　品質保証は，アルファベットの頭文字をとって　76　と略される。これは文字どおり品質を保証することであり，品質保証には次のような側面がある。

① 客は店舗等において，基本的に　77　を信用して商品を買うものであるので，生産者は本来顧客に対して品質を保証すべきものである。この意味からこの種の商品は　78　という形で分類される。

② 特定顧客にあっては，　77　と顧客との話し合い（契約）で取引されるものがあるが，　77　にはその契約を守る義務がある。この種の商品は　79　といわれる。

③ JIS に認定されている　77　には，JIS が品質の保証を求めている。

④ 本来的に品質保証は，企業の　80　を果たすための基本条件である。

選択肢

ア．QA　　　　　　　イ．DR　　　　　　　ウ．QC
エ．PL　　　　　　　オ．SR　　　　　　　カ．PS
キ．生産者（製造者）　ク．消費者（購入者）　ケ．営業者（販売者）
コ．法律的責任　　　　サ．社会的責任　　　　シ．排他的責任
ス．市場型商品　　　　セ．予約型商品　　　　ソ．契約型商品

解答欄

76	77	78	79	80

問 **17**　次の文章において，　　　　内に入るもっとも適切な
ものを次の選択肢から選び，その記号を解答欄に記入
しなさい。ただし，各選択肢を複数回用いることはな
い。

　A工場において，製品Bを量産している。この製品には2つの重要な特
性 x，y がある。最近，製品Bの2つの特性値の相関が午前と午後で異なっ
てきているのではないかという指摘が現場からあがってきたので，データを
もとに検討することとした。午前と午後のデータをそれぞれ30点採取し，両
特性間の相関を調べた。データの抜粋は次のようになっている。

① 午前

$$\sum_{i=1}^{30} x_i = 409.1 \qquad \sum_{i=1}^{30} x_i^2 = 5599.72$$

$$\sum_{i=1}^{30} y_i = 298.7 \qquad \sum_{i=1}^{30} y_i^2 = 2993.99$$

$$\sum_{i=1}^{30} x_i y_i = 4092.07$$

$r_{xy} = \boxed{81}$

② 午後

$$\sum_{i=1}^{30} x_i = 406.9 \qquad \sum_{i=1}^{30} x_i^2 = 5537.29$$

$$\sum_{i=1}^{30} y_i = 289.8 \qquad \sum_{i=1}^{30} y_i^2 = 2805.71$$

$$\sum_{i=1}^{30} x_i y_i = 3937.62$$

$r_{xy} = \boxed{82}$

③ これらの結果，　　83　　のほうが両特性の相関が強く表れている。

選択肢

ア．0.23　　イ．0.35　　ウ．0.44　　エ．0.56　　オ．0.65
カ．0.77　　キ．0.82　　ク．0.92　　ケ．午前　　コ．午後

解答欄

81	82	83

26

第2回

模擬テスト

問題

問1 問題および課題に関する次の文章において，▢内に入るもっとも適切なものを次の選択肢から選び，その記号を解答欄に記入しなさい。ただし，各選択肢を複数回用いることはないものとする。

　問題とは，　1　姿（あってしかるべき姿）や　1　目標値（あってしかるべき目標値）と現状の状態との　2　のことをいい，既に発生している不具合等の問題のことである。

　また，課題とは，　3　姿（望ましい姿）や　3　目標値（望ましい目標値）と現状の状態との　2　のことである。

　ここでいう「　2　」をギャップということもある。問題と課題は，いずれも現状との差という共通点はあるが，問題には一般に　4　があり，課題にはたいてい　5　がある。

選択肢

ア．要因　　　　　イ．原因　　　　　ウ．障壁
エ．ありたい　　　オ．あるべき　　　カ．差

解答欄

1	2	3	4	5

問**2**	次の図は管理のサイクルを繰り返すことを意味するスパイラル・ローリング，あるいはスパイラルアップと呼ばれるものを表している。図において，⬚内に入るもっとも適切なものを次の選択肢から選び，その記号を解答欄に記入しなさい。ただし，同一の選択肢を複数回用いることもあるものとする。

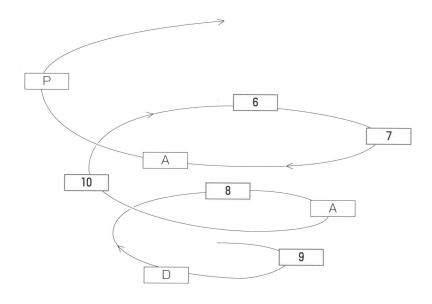

選択肢

ア．A　　　イ．B　　　ウ．C　　　エ．D　　　オ．E

カ．P　　　キ．Q　　　ク．R　　　ケ．S　　　コ．T

解答欄

6	7	8	9	10

問3 産業標準化の階層を表した図を下に示すが，その中の
☐☐☐☐☐内に入るもっとも適切なものを次の選択肢か
ら選び，その記号を解答欄に記入しなさい。ただし，
同一の選択肢を複数回用いることはないものとする。

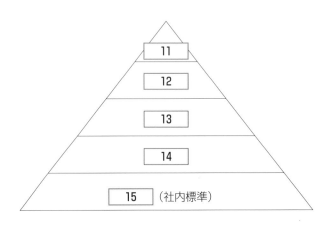

選択肢

ア．企業内規格　　イ．団体規格　　ウ．地域規格

エ．国家規格　　　オ．国際規格　　カ．農業規格

解答欄

11	12	13	14	15

問4 統計的手法に関する次の文章において、□□□内に入るもっとも適切なものを次の選択肢から選び、その記号を解答欄に記入しなさい。ただし、同一の選択肢を複数回用いることはないものとする。

データの集合 $\{x_i\}$ $(i = 1 \sim n)$ があるとき、それぞれのデータと試料平均の差の2乗和を 16 という。 16 を 17 で割ったものを 18 といい、 18 の正の平方根を 19 という。ここで 17 は一般に $n - 1$ が用いられる。

さらに、 19 を試料平均で割ったものを 20 と呼び、 19 も 20 も相対的なばらつきの大きさを見るためによく用いられる指標である。

選択肢

ア. 中央値　　　イ. 平方和　　　ウ. 自由度　　　エ. 計量値

オ. 残差　　　　カ. 偏差　　　　キ. 誤差　　　　ク. 相関係数

ケ. 不偏分散　　コ. 標準係数　　サ. 変動係数　　シ. 標準偏差

解答欄

16	17	18	19	20

問 5 品質管理における用語の意味として，次のものについてもっとも適切な説明文を次の選択肢から選び，解答欄に記入しなさい。ただし，同一の選択肢を複数回用いることはないものとする。

① かたより | 21 |
② ばらつき | 22 |
③ 誤差 | 23 |
④ 偏差 | 24 |
⑤ 残差 | 25 |

選択肢

ア．測定値から試料平均を引いた値

イ．測定値から真の値を引いた値

ウ．測定値から母平均を引いた値

エ．測定値の大きさがそろっていないこと，または測定値の大きさが不ぞろいであること

オ．測定値の母平均から真の値を引いた値

解答欄

21	22	23	24	25

問6 計数値および計量値に関する次のそれぞれの記述について，正しいものには〇を，正しくないものには×を解答欄に記入しなさい。

① マラソン大会の順位は計数値である。 〔 26 〕

② 計数値が加工されて平均値や標準偏差になっても，それは計数値として扱われる。 〔 27 〕

③ あるクラスの出席者数を在籍者数で割って求める出席率は，一般に整数にならないので，計数値ではなくて計量値である。 〔 28 〕

④ 計量スプーンを使って料理に用いるしょうゆをちょうど3杯使用した。この3杯は計数値である。 〔 29 〕

⑤ 映画館の入場者数について，大人を1.0人，子どもを0.5人でカウントする場合には，その入場者数のデータは計量値となる。 〔 30 〕

解答欄

26	27	28	29	30

問7 次に示す手法の名称について，それぞれに対応する手法例として適切なものを次の選択肢から選び，その記号を解答欄に記入しなさい。

① ヒストグラム　　　　　　　　　　　31
② 特性要因図　　　　　　　　　　　　32
③ 管理図　　　　　　　　　　　　　　33
④ パレート図　　　　　　　　　　　　34
⑤ 散布図　　　　　　　　　　　　　　35

選択肢

ア
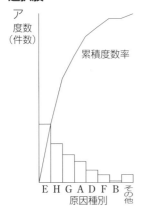

イ
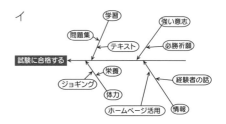

ウ

異常項目	A工程	B工程	C工程
回転不良	正	下	一
劣化	丁	一	丁
液漏れ	下		下
腐食	一	一	正
その他	丁	一	下

エ
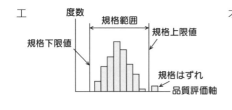

オ
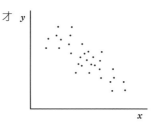

カ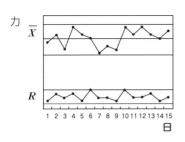

キ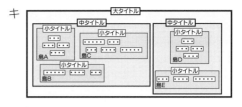

解答欄

31	32	33	34	35

問 8 散布図を作成する手順に関する次の文章において，□内に入るもっとも適切なものを次の選択肢から選び，その記号を解答欄に記入しなさい。ただし，同一の選択肢を複数回用いることはないものとする。

手順1 　36
手順2 　37
手順3 　38
手順4 　39
手順5 　必要事項（目的，製品名，工程名，データ数，作成者，作成年月日等）を記入する。

選択肢

ア．データ x および y について，それぞれの最大値および最小値を求める。

イ．データをグラフ上に打点する。

ウ．対になったデータを集め，それらをそれぞれ x および y とする。

エ．横軸と縦軸を設定し，最大値と最小値の差（範囲）が x および y においてほぼ等しい長さになるように目盛りを入れる。

解答欄

36	37	38	39

問9 正規分布に関する次のそれぞれの記述について，正しいものには○を，正しくないものには×を解答欄に記入しなさい。

① 正規分布はガウス分布とも呼ばれ，記号では $N(\mu, \sigma^2)$ と表記されるが，ここで，μ が平均，σ^2 が分散を表している。　　　　　| 40 |

② 正規分布の中で，特に $N(0, 1^2)$ を標準正規分布と呼ぶが，正規分布 $N(\mu, \sigma^2)$ に従う変量 x を，正規分布 $N(0, 1^2)$ に従う変量 u に変換する式は，次のように表される。

$$u = \frac{x - \mu}{\sigma}$$

| 41 |

③ それぞれ互いに独立に影響する複数のばらつきの原因があるようなデータの分布は，一般に正規分布に近いものとなる。　　　　　　| 42 |

④ 正規分布 $N(\mu, \sigma^2)$ においては，$\mu \pm \sigma$ の範囲に約95%のデータが含まれる。　　　　　　　　| 43 |

⑤ 正規分布 $N(\mu, \sigma^2)$ に従う変量 x を，正規分布 $N(a, b^2)$ に従う変量 z に変換する式は，次のように表される。

$$z = \frac{b}{\sigma}(x - \mu)$$

| 44 |

解答欄

40	41	42	43	44

次に示す3点のデータで最小2乗法を行うとき，もっとも近い近似直線を表した式の中の □ 内に入るもっとも適切なものを次の選択肢から選び，その記号を解答欄に記入しなさい。

x	1	2	3
y	2	5	7

近似直線：$y =$ ◻45◻ $+$ ◻46◻ x

選択肢

ア. $\dfrac{1}{2}$ イ. $-\dfrac{1}{2}$ ウ. $\dfrac{1}{3}$ エ. $-\dfrac{1}{3}$ オ. $\dfrac{1}{4}$

カ. $-\dfrac{1}{4}$ キ. $\dfrac{3}{2}$ ク. $-\dfrac{3}{2}$ ケ. $\dfrac{5}{2}$ コ. $-\dfrac{5}{2}$

解答欄

45	46

問 11　ＡおよびＢの２つの因子が考えられる系において，繰り返し実験を含む二元配置の実験を実施し，次のような要因効果の図を得た。

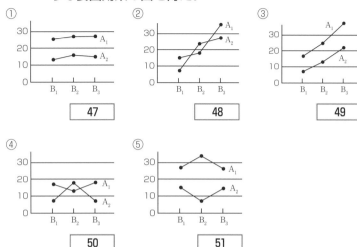

　　　　　内に入るもっとも適切なものを次の選択肢から選び，その記号を解答欄に記入しなさい。ただし，同一の選択肢を複数回用いることはないものとする。

選択肢	Ａ因子	Ｂ因子	Ａ×Ｂの交互作用
ア	×	○	○
イ	○	×	×
ウ	○	×	○
エ	×	×	○
オ	○	○	×

解答欄

47	48	49	50	51

図はあるプロジェクトにおける各作業を PERT 図に表したものである。これに関するそれぞれの記述について，正しいものには○を，正しくないものには×を解答欄に記入しなさい。ただし，図中の（　）内の数字は，それぞれの作業の遂行に必要な日数であるとする。

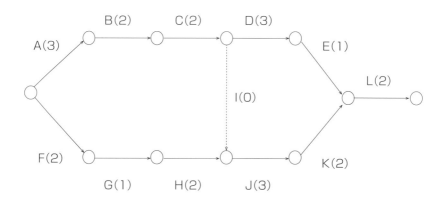

① アロー・ダイヤグラムは PERT 図の別名である。　　　　　　52

② 作業 I はダミー作業と呼ばれる。　　　　　　　　　　　　　53

③ 作業 J の先行作業は，作業 H のみである。　　　　　　　　 54

④ 作業 L の先行作業は，作業 E と作業 K である。　　　　　　55

⑤ このプロジェクトは，最速で進行できた場合には，最短12日で終了できる。　　　　　　　　　　　　　　　　　　　　　　　　　　　56

解答欄

52	53	54	55	56

問 13　寿命分布が指数分布であるような場合に関する次のそれぞれの記述について，正しいものには〇を，正しくないものには×を解答欄に記入しなさい。

① 指数分布とは，故障率関数 $\lambda(t)$ が時刻によらず一定であるような場合に該当する。

57

② 指数分布における信頼度関数 $R(t)$ は，λ を定数として次式のような形をとる。

$$R(t) = \exp(-\lambda t)$$

58

③ 指数分布における不信頼度関数 $F(t)$ は次のような形に書ける。

$$F(t) = -\exp(-\lambda t)$$

59

④ 指数分布における故障密度関数 $f(t)$ は次のようになる。

$$f(t) = \exp(-\lambda t)$$

60

解答欄

57	58	59	60

問 **14**	工程能力指数とそれに基づく工程能力の判断に関する次の表において，□内に入るもっとも適切なものを次の選択肢から選び，その記号を解答欄に記入しなさい。ただし，同一の選択肢を複数回用いることはないものとする。

工程能力指数C_pの値	工程能力の判断
61	工程能力は十分すぎる
62	工程能力は十分である
63	工程能力は十分とはいえないが，まずまずである
64	工程能力は不足している
65	工程能力は非常に不足している

選択肢

ア．$0.67 > C_p$　　　　イ．$C_p \geqq 1.67$　　　　ウ．$1.67 > C_p \geqq 1.33$

エ．$1.33 > C_p \geqq 1.00$　　オ．$1.00 > C_p \geqq 0.67$

解答欄

61	62	63	64	65

問 15
計量値に関する管理図の体系についてまとめた次の系統樹において，□□□□内に入るもっとも適切な語句を次の選択肢から選び，解答欄に記入しなさい。ただし，同一の選択肢を複数回用いることはないものとする。

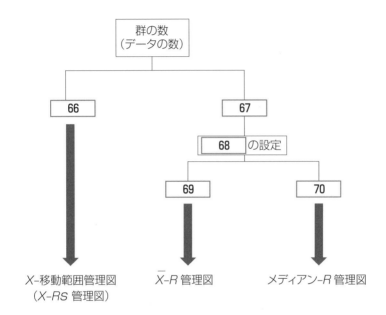

X–移動範囲管理図　　　　$\overline{X}$–R 管理図　　　　メディアン–R 管理図
（X–RS 管理図）

選択肢

ア．1個　　　　　イ．2個　　　　　ウ．3個

エ．複数個　　　　オ．中央線　　　　カ．中心線

キ．平均値　　　　ク．最大値　　　　ケ．最小値

コ．中心値　　　　サ．中央値　　　　シ．検量線

解答欄

66	67	68	69	70

問 16 製造設備設計や品質の保証に関する次の用語の意味として，もっとも適切なものを次の選択肢から選び，解答欄に記入しなさい。ただし，同一の選択肢を複数回用いることはないものとする。

① フェールセーフ   71
② フールプルーフ   72
③ アベイラビリティ   73
④ 予防保全   74
⑤ 事後保全   75

選択肢

ア．ちょっとした気の緩みなどから起こりやすい過失を防止する工夫，あるいはその過失によって引き起こされる不具合を低減する工夫をいう。

イ．機器やシステムに起きた故障に対応して復旧する保全をいう。

ウ．機器やシステムの故障やトラブルに先立って，それらの起こりそうな点をあらかじめ対策して，故障に至らないようにする保全をいう。

エ．機器やシステムの有用性，あるいは壊れにくさをいうもので，通常はMTBF（平均故障間動作時間）とMTTR（平均修復時間）から次式で定義される。

$$アベイラビリティ = \frac{MTBF}{MTTR + MTBF}$$

オ．機器やシステムに，万が一トラブルが起きても，被害の拡大が起こらず，危険側に至らず，安全側の状態になるように設計する技術思想をいう。

解答欄

71	72	73	74	75

第3回

模擬テスト

問題

問 1

製品に関する次の文章において，□□□□内に入るもっとも適切なものを次の選択肢から選び，その記号を解答欄に記入しなさい。ただし，同一の選択肢を複数回用いることはないものとする。

日本において高度経済成長が達成される以前のように，□1□が不足していた時代には，工場で□2□すればするだけ□3□が売れるというのが一般的であった。

しかし，今日では□1□は豊富になり，売れる□3□を□2□しなければ企業は成り立たない時代になっている。□4□や使用者の要求する品質を的確に把握し，これを満たす□3□でなくては買ってもらえない時代である。

このことは，従来型の立場である□5□の事情を優先したプロダクトアウトという考え方ではなく，□4□志向のマーケットインという考え方を重視した活動が重要であることを意味している。

選択肢

ア．現物　　　イ．物資　　　ウ．製品　　　エ．購入品
オ．生産　　　カ．生産者　　キ．消費者　　ク．販売者

解答欄

1	2	3	4	5

問2

品質に関する次の記述において，_____内に入るもっとも適切なものを次の選択肢から選び，その記号を解答欄に記入しなさい。ただし，各選択肢を複数回用いることはないものとする。

　　6　とは，ねらった品質，あるいはねらいの品質ともいわれ，品質特性に対する品質目標のことである。　6　を定めるために，顧客の　7　を　6　に変換することが重要である。この部分については，　8　が責任をになうものとされる。

　一方，　9　とは，できばえ品質，合致品質，あるいは適合品質などともいわれ，　6　をねらって製造した製品の実際の品質のことである。
　10　が責任を負うものとされる。

選択肢

ア．製品設計部門　　イ．製造部門　　　ウ．品質管理

エ．要求品質　　　　オ．製造品質　　　カ．設計品質

解答欄

6	7	8	9	10

第**3**回

問題

47

問3 データの扱いに関する次の文章において，　　　　内に入るもっとも適切なものを次の選択肢から選び，その記号を解答欄に記入しなさい。ただし，同一の選択肢を複数回用いることはないものとする。

データの集合 A が次のように与えられている。

$$A = \{x_i\}(i = 1 \sim n)$$

このデータの大きさは　11　であり，その総和は　12　と書かれる。また，このデータの最大値を $x_{\max}$，最小値を $x_{\min}$ と書くこととすると，このデータの範囲は　13　と書ける。

さらに，このデータの相加平均を x_{mean} と書けば，データ x_i に関する残差は　14　となる。

偏差平方和における偏差とは，本来は測定値と母平均の差のことであるが，一般にはデータの平均値との差である残差を用いて求められるので，偏差平方和 S は，　15　と書かれる。

分散 V は，偏差平方和から　16　として求められ，標準偏差 σ は分散 V から　17　として求められる。変動係数は，　18　という式で計算できる。

選択肢

ア．1　　　　　　　　　　イ．n　　　　　　　　　　ウ．i

エ．$\displaystyle\sum_{n=i}^{1} x_i$　　　　　　オ．$\displaystyle\sum_{i=1}^{n} x_i$　　　　　　カ．$\displaystyle\sum_{n=1}^{i} x_i$

キ．$\displaystyle\sum_{i=n}^{1} x_i$　　　　　　ク．$x_{\max} - x_{\min}$　　　　ケ．$x_{\min} - x_{\max}$

コ．$x_i - x_{\min}$　　　　サ．$x_i - x_{\max}$　　　　シ．$x_i - x_{\mathrm{mean}}$

ス．$\displaystyle\sum_{i=1}^{n}(x_i - x_{\mathrm{mean}})^2$　　セ．$\displaystyle\sum_{i=1}^{n}(x_i - x_{\min})^2$　　ソ．$\displaystyle\sum_{i=1}^{n}(x_{\max} - x_{\min})^2$

タ．$\displaystyle\sum_{i=1}^{n}(x_i - x_{\max})^2$　　チ．$\dfrac{S}{n-1}$　　　　　　ツ．$\dfrac{S}{n+1}$

テ．$\dfrac{S}{n}$　　　　　　ト．V^2　　　　　　　　ナ．$\sqrt{V}$

ニ．$\sqrt[3]{V}$　　　　　　ヌ．V^{-1}　　　　　　　ネ．V^{-2}

ノ．$\dfrac{\sigma}{x_{\max}}$　　　　　　ハ．$\dfrac{\sigma}{x_{\mathrm{mean}}}$　　　　　ヒ．$\dfrac{\sigma}{x_{\max} - x_{\min}}$

解答欄

11	12	13	14	15	16	17	18

問題

問4 次の図はある物性の真の値とその測定値の母集団の分布を示したものであり，関連する各種の項目も書き加えられている。□内に入るもっとも適切な語句を次の選択肢から選び，その記号を解答欄に記入しなさい。ただし，同一の選択肢を複数回用いることはないものとする。

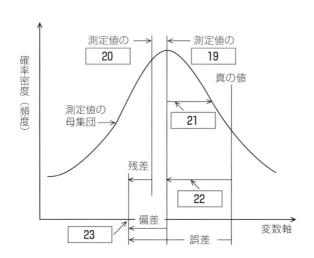

選択肢

ア．ばらつき　　イ．かたより　　ウ．荷重平均

エ．真度　　　　オ．母平均　　　カ．精密度

キ．試料平均　　ク．自由度　　　ケ．測定値

解答欄

19	20	21	22	23

問 5 次に示すそれぞれの手法の名称について，その説明としてもっとも適切なものを次の選択肢から選び，その記号を解答欄に記入しなさい。

① 系統図法　　　　| 24 |　② 連関図法　　　| 25 |
③ PERT 図法　　　| 26 |　④ 親和図法　　　| 27 |
⑤ マトリックス図法 | 28 |

選択肢

ア．プロジェクトなどを達成するために必要な作業の順序関係や相互関係を矢線で表すことによって，最適な日程計画を立てたり効率よく進度を管理したりするための手法

イ．問題に関連して着目すべき要素を，碁盤の目のような行列図の縦と横に項目をつけて，項目と項目の交点において互いの関連の検討を行うための手法

ウ．頻度情報を加筆しつつ整理できるようにした表

エ．工程などを管理するために用いられる折れ線グラフ

オ．多くの言語データがあってまとまりをつけにくい場合に用いられ，意味内容が似ていることを「親和性が高い」と呼び，そのようなものどうしを集めながら全体を整理していく方法

カ．発生頻度を整理して，頻度の順に柱状グラフにし，累積度数を折れ線グラフで付加したもの

キ．枝分かれした図によって，着眼点をもとに問題を分類しながら主に論理的に考えていくことで問題を解析したり解決するための案を得たりする手法

ク．特性要因図に似ているが，単にグルーピングして整理するだけでなく，原因と結果のメカニズムや因果関係を矢線で結んでまとめていく図を用いるもの

ケ．計量値のデータの分布を示した柱状のグラフ

コ．2 つの変量を座標軸上のグラフとして打点したもの

サ．要因が結果に関係し影響している様子を，矢線の入った系統図にしたもの

解答欄

24	25	26	27	28

問6 確率密度関数に関する次の文章において，□□□内に入るもっとも適切なものを次の選択肢から選び，その記号を解答欄に記入しなさい。ただし，同一の選択肢を複数回用いることはないものとする。

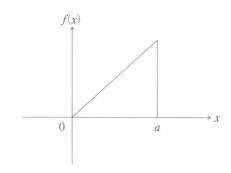

確率密度関数が図のような三角形で与えられる場合，その関数は，

$$f(x) = \boxed{29}\, x \qquad (0 \leq x \leq a)$$

と書かれる。

この分布における x の平均値は，次のようになる。

$$\bar{x} = \boxed{30}$$

また，その分散 σ^2 から求めた標準偏差 σ は次のようになる。

$$\sigma = \boxed{31}$$

選択肢

ア．$\dfrac{1}{3}a$　　イ．$\dfrac{2}{3}a$　　ウ．$\dfrac{\sqrt{2}a}{2}$　　エ．$\dfrac{\sqrt{2}a}{3}$　　オ．$\dfrac{\sqrt{2}a}{4}$

カ．$\dfrac{\sqrt{2}a}{6}$　　キ．$\dfrac{1}{a^2}$　　ク．$\dfrac{2}{a^2}$　　ケ．$\dfrac{3}{a^2}$　　コ．$\dfrac{4}{a^2}$

解答欄

29	30	31

問 7

母平均 μ に対する信頼限界を求める場合に，正規分布に従うことが仮定できるが，その母標準偏差 σ が未知である集合の母平均 μ の区間を危険率 α で推定したい。次の記述において， 内に入るもっとも適切なものを次の選択肢から選び，その記号を解答欄に記入しなさい。ただし，サンプルの大きさを n，その平均を x_m，分散を V，標準偏差を s とし，また自由度が f で危険率 α の t 分布確率を $t(f, \alpha)$ と書くものとする。加えて，同一の選択肢を複数回用いてもよいものとする。

信頼限界は次式で表される。

$$x_m - t \left(\boxed{32}, \alpha \right) \frac{\boxed{33}}{\boxed{34}} < \mu < x_m + t \left(\boxed{32}, \alpha \right) \frac{\boxed{33}}{\boxed{34}}$$

選択肢

ア．$n-1$	イ．n	ウ．$n+1$
エ．$\sqrt{n}$	オ．n^2	カ．$s-1$
キ．s	ク．$s+1$	ケ．s^2
コ．$V-1$	サ．V	シ．$V+1$

解答欄

32	33	34

問8　実験計画に関する次の文章において，□□□□内に入るもっとも適切なものを次の選択肢から選び，その記号を解答欄に記入しなさい。ただし，同一の選択肢を複数回用いることはないものとする。

　実験を計画する際には，「データの構造」をどのようにとらえるのかという点が非常に重要になってくる。データの構造のとらえ方は，母集団のとらえ方や何を知ろうとするのかという実験の目的にとってたいへん重要である。それぞれの場合におけるデータの構造は次のようになると考えられる。

① 　35　 の場合

　A_i 水準における第 j 番目のデータ x_{ij} の構造は次のように書かれる。

$$x_{ij} = \mu + a_i + \varepsilon_{ij}$$

② 　36　 二元配置の場合

　$A_i B_j$ 水準におけるデータ x_{ij} の構造は次のように書かれる。

$$x_{ij} = \mu + a_i + b_j + \varepsilon_{ij}$$

③ 　37　 二元配置の場合

　$A_i B_j$ 水準における第 k 番目のデータ x_{ijk} の構造は次のように書かれる。

$$x_{ijk} = \mu + a_i + b_j + (ab)_{ij} + \varepsilon_{ijk}$$

　ここに，それぞれの変数は以下のようになっている。

μ : 　38　　　　　　　　　　　a_i : 因子 A の主効果（ i は水準）

b_j : 因子 B の主効果（ j は水準）　　ε_{ij} および ε_{ijk} : 各測定値の誤差

$(ab)_{ij}$: A と B の 　39　 効果

選択肢

ア．多重化　　　　　　イ．一元配置　　　　　ウ．多元配置

エ．繰り返しのない　　オ．繰り返しのある　　カ．中央値

キ．交代値　　　　　　ク．最頻値　　　　　　ケ．平均値

コ．交替作用　　　　　サ．交互作用

解答欄

35	36	37	38	39

繰り返し実験を伴う二元配置の分散分析法に関する次の文章において，□□□内に入るもっとも適切なものを次の選択肢から選び，その記号を解答欄に記入しなさい。ただし，同一の選択肢を複数回用いることはないものとする。

　AおよびBの2因子実験において，それぞれの因子に a および b の水準があり，おのおの n 回の繰り返し実験を行った。そのデータを，

$$\{x_{ijk}\}\,(i = 1 \sim a,\ j = 1 \sim b,\ k = 1 \sim n)$$

とする。以下，順次計算を行う。

① 全2乗和

$$S = \sum_{i=1}^{a} \sum_{j=1}^{b} \sum_{k=1}^{n} x_{ijk}^{\;2}$$

② 調整項［自由度 $f_{CF} = 1$］

$$CF = \frac{\left(\sum\limits_{i=1}^{a} \sum\limits_{j=1}^{b} \sum\limits_{k=1}^{n} x_{ijk} \right)^2}{abn}$$

③ 総変動（全偏差平方和）［自由度 $f_T = \boxed{40}$ ］

$$S_T = \sum_{i=1}^{a} \sum_{j=1}^{b} \sum_{k=1}^{n} \left(x_{ijk} - \overline{x} \right)^2$$

$$= \sum_{i=1}^{a} \sum_{j=1}^{b} \sum_{k=1}^{n} x_{ijk}^{\;2} - \frac{\left(\sum\limits_{i=1}^{a} \sum\limits_{j=1}^{b} \sum\limits_{k=1}^{n} x_{ijk} \right)^2}{abn}$$

$$= S - CF$$

④ A因子の効果［自由度 $f_A = \boxed{41}$ ］

$$S_A = \frac{\sum\limits_{i=1}^{a} \left(\sum\limits_{j=1}^{b} \sum\limits_{k=1}^{n} x_{ijk} \right)^2}{bn} - CF$$

⑤ B因子の効果［自由度 $f_B = \boxed{42}$ ］

$$S_B = \frac{\sum\limits_{j=1}^{b} \left(\sum\limits_{i=1}^{a} \sum\limits_{k=1}^{n} x_{ijk} \right)^2}{an} - CF$$

⑥ 両因子の交互作用の効果 ［自由度 $f_{\text{A}\times\text{B}} = $ 43 ］

$$S_{\text{A}\times\text{B}} = \frac{\displaystyle\sum_{i=1}^{a}\sum_{j=1}^{b}\left(\sum_{k=1}^{n} x_{ijk}\right)^2}{n} - CF - S_{\text{A}} - S_{\text{B}}$$

⑦ 誤差の効果 ［自由度 $f_{\text{E}} = $ 44 ］

$$S_{\text{E}} = S_{\text{T}} - S_{\text{A}} - S_{\text{B}} - S_{\text{A}\times\text{B}}$$

⑧ 分散分析表

	要因	平方和	自由度	分散	分散比
1	A	S_{A}	$f_{\text{A}} = $ 41	$V_{\text{A}} = S_{\text{A}}/f_{\text{A}}$	$V_{\text{A}}/V_{\text{E}}$
2	B	S_{B}	$f_{\text{B}} = $ 42	$V_{\text{B}} = S_{\text{B}}/f_{\text{B}}$	$V_{\text{B}}/V_{\text{E}}$
3	A×B	$S_{\text{A}\times\text{B}}$	$f_{\text{A}\times\text{B}} = $ 43	$V_{\text{A}\times\text{B}} = S_{\text{A}\times\text{B}}/f_{\text{A}\times\text{B}}$	$V_{\text{A}\times\text{B}}/V_{\text{E}}$
4	E	S_{E}	$f_{\text{E}} = $ 44	$V_{\text{E}} = S_{\text{E}}/f_{\text{E}}$	
5	T	S_{T}	$f_{\text{T}} = $ 40		

選択肢

ア. a　　　　　　イ. b　　　　　　ウ. $a-1$

エ. $b-1$　　　　　オ. n　　　　　　カ. $n-1$

キ. ab　　　　　　ク. $ab-1$　　　　　ケ. $an-1$

コ. $bn-1$　　　　　サ. $abn-1$　　　　シ. $ab(n-1)$

ス. $(a-1)(n-1)$　　セ. $(b-1)(n-1)$　　ソ. $(a-1)(b-1)$

解答欄

40	41	42	43	44

繊維製品には一般の物理量の測定によっては表現できないさまざまな特性がある。近年ではそれらを数値化する努力もかなり進んでいるが，伝統的な官能評価も多くの割合で行われている。ある年に繊維製品の品評会に出品された銘柄の官能評価が，ドレープ性，抗ピル性，難燃性および均染性の４項目について行われた。その結果，W，X，Y および Z の銘柄については，次表のような評価が得られた。この評価について，◎を４点，○を３点，△を２点，×を１点として数値化した場合の，銘柄ごとの評点合計はどのようになるか。該当する適切な数値を次の選択肢から選び，解答欄に記入しなさい。

評価項目＼銘柄	W	X	Y	Z
ドレープ性	◎	×	◎	○
抗ピル性	○	△	○	×
難燃性	○	△	◎	×
均染性	△	×	△	△
評点合計	45	46	47	48

選択肢

ア. 0	イ. 1	ウ. 2	エ. 3	オ. 4
カ. 5	キ. 6	ク. 7	ケ. 8	コ. 9
サ. 10	シ. 11	ス. 12	セ. 13	ソ. 14

解答欄

45	46	47	48

問11 検査の実施方法によって分類される次のような検査は
それぞれ何といわれるか。該当する適切な用語を次の
選択肢から選び，解答欄に記入しなさい。ただし，同
一の選択肢を複数回用いることはないものとする。

① 製品あるいはサービスのすべてに対して行われる検査 　　49

② 製品あるいはサービスの一部を抜き出して行われる検査 　　50

③ 購入段階等において，供給者が行った検査結果を必要に応じて確認する
　 ことを基礎として，購入者の検査の一部が省略される検査 　　51

④ 技術情報や品質情報に基づいて，サンプルの試験を省略する検査

　　　　　　　　　　　　　　　　　　　　　　　　　　　　52

選択肢

ア．単数検査　　　　イ．全数検査　　　　ウ．全試験検査

エ．無試験検査　　　オ．抜取検査　　　　カ．直接検査

キ．客観検査　　　　ク．間接検査　　　　ケ．中間検査

解答欄

49	50	51	52

問 12 次の図はバスタブ曲線と呼ばれるものである。この図において，□□□□内に入るもっとも適切なものを次の選択肢から選び，その記号を解答欄に記入しなさい。ただし，同一の選択肢を複数回用いることはないものとする。

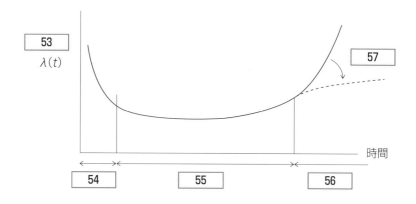

選択肢

ア．初期故障期　　　イ．MTTF　　　ウ．MTBF

エ．偶発故障期　　　オ．摩耗故障期　　　カ．故障度

キ．故障率　　　ク．事後保全による低下

ケ．予防保全による低下

解答欄

53	54	55	56	57

問 13

次の文章において，□□□内に入るもっとも適切なものを次のそれぞれの選択肢から選び，その記号を解答欄に記入しなさい。ただし，各選択肢を複数回用いることはない。

ある工場の製造工程において，c 管理図を作成して，不適合数の管理を行っている。

先月の製造日26日間におけるデータをもとに，今月の管理線を引きたい。UCL，CL および LCL を求めると次のとおりである。ただし，先月の26日間において，不適合総数が96であった。また，$\bar{c}$ は平均不適合数である。

CL= 58 より，CL は 61

UCL= 59 より，UCL は 62

LCL= 60 より，LCL は 63

58〜60の選択肢

ア．$\bar{c}+3\sqrt{\bar{c}}$ イ．$\bar{c}-3\sqrt{\bar{c}}$ ウ．$\bar{c}$

61〜63の選択肢

ア．1.25   イ．2.37   ウ．3.69   エ．4.56   オ．5.65

カ．6.31   キ．7.82   ク．9.45   ケ．示されない（考えない）

解答欄

58	59	60	61	62	63

<table>
<tr><td>問14</td><td>特性値分布図は，横軸に特性値を取り，縦軸にその分布を示した図のことである。次の5つの特性値分布図についてそれぞれの工程能力指数としてもっとも近いとみられる数値を次の選択肢から選び，解答欄に記入しなさい。ただし，$\overline{X}$ は特性値の平均値を，S_Uは規格許容値の上限，S_Lはその下限を示すものとする。</td></tr>
</table>

①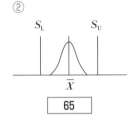
64

②
65

③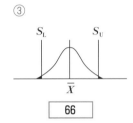
66

④
67

⑤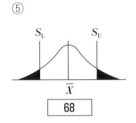
68

選択肢

ア．−1.6	イ．−1.2	ウ．−1.0	エ．−0.95	オ．−0.66
カ．0	キ．0.66	ク．0.95	ケ．1.0	コ．1.2
サ．1.6				

解答欄

64	65	66	67	68

問15 標準化に関する次の文章において，□□□□内に入るもっとも適切なものを次のそれぞれの選択肢から選び，その記号を解答欄に記入しなさい。ただし，各選択肢を複数回用いることはない。

標準化とは，効果的・効率的な　69　を目的として，共通に，かつ　70　使用するための　71　を定めて活用する活動である。

69〜71の選択肢

ア．取決め　イ．手順書　ウ．文書化　エ．調整　オ．組織運営
カ．顧客個別対応　キ．戦略策定　ク．繰り返して　ケ．強制して

標準化の目的は，無秩序な　72　を防ぎ，合理的な　73　または統一化を図ることにより，相互理解・　74　の促進，品質の確保，使いやすさの向上，互換性の確保，生産性の向上，維持向上・改善の促進などを達成することである。

72〜74の選択肢

ア．コミュニケーション　イ．開発競争　ウ．宣伝戦略　エ．複雑化
オ．差別化（特徴化）　カ．単純化

解答欄

69	70	71	72	73	74

問 16 JIS Q9000：2015／ISO 9000：2015（品質マネジメントシステム－基本及び用語）で示される品質マネジメントのそれぞれの原則により得られる便益および適用する際にとるべき行動を示す次の文章に関係する原則について，□□□内に入るもっとも適切なものを下欄の選択肢から選び，その記号を解答欄に記入しなさい。ただし，各選択肢を複数回用いることはない。

① 活動を，首尾一貫したシステムとして機能する相互に関連するプロセスであると理解し，マネジメントすることによって，矛盾のない予測可能な結果が，より効果的かつ効率的に達成できる。 　75

② データおよび情報の分析および評価に基づく意思決定によって，望む結果が得られる可能性が高まる。 　76

③ すべての階層のリーダーは，目的および目指す方向を一致させ，人々が組織の品質目標の達成に積極的に参加している状況を作り出す。 　77

④ 品質マネジメントの主眼は，顧客の要求事項を満たすことおよび顧客の期待を超える努力をすることにある。 　78

⑤ 組織内のすべての階層にいる，力量があり，権限を与えられ，積極的に参加する人々が，価値を創造し提供する組織の実現能力を強化するために必須である。 　79

選択肢

ア．品質重視　　イ．リーダーシップ　　ウ．顧客重視

エ．コンプライアンス　オ．人々の積極的参加

カ．プロセスアプローチ　キ．客観的事実に基づく意思決定

解答欄

75	76	77	78	79

第**4**回

模擬テスト
問題

問 1

統計的品質管理に関する次の文章において， 内に入るもっとも適切なものを次の選択肢から選び，その記号を解答欄に記入しなさい。ただし，同一の選択肢を複数回用いることはないものとする。

統計的品質管理とは，もっとも　1　性が高く，かつ，マーケットにおいて　2　性のある製品を，もっとも経済的に　3　するために，　3　の全段階において　4　的な原理と　5　を活用することをいう。

選択肢

ア．反復　　　イ．基礎　　　ウ．価格　　　エ．有用
オ．市場　　　カ．統計　　　キ．手法　　　ク．生産

解答欄

1	2	3	4	5

問 **2**　標準化に関する次のそれぞれの記述について，正しいものには〇を，正しくないものには×を解答欄に記入しなさい。

① 社内標準化は基本的に社内のことであるので，社外の規定や業界他社などと内容について合わせておく必要はない。 　　　　　　　　6

② 標準化の目的は，もっともよい標準を作成することであるので，いったん作成した標準を改訂することは基本的によくないことである。
　　　　　　　　7

③ 作業標準は本来文章によってすべてを表現することとされており，図や写真を用いて作成することはよくない。 　　　　　　　　8

④ 作業標準に従って作業すれば，品質のばらつきが少なくなるとともに，一般に生産効率が向上することも期待される。 　　　　　　　　9

⑤ 作業標準を作る過程で，作業内容が明確化されるので，作業の改善につながることも多い。 　　　　　　　　10

解答欄

6	7	8	9	10

問 3

データ数が n であるような変量 x における偏差平方和 S に関する次の式において，□内に入るもっとも適切なものを次の選択肢から選び，その記号を解答欄に記入しなさい。ただし，これらのデータの平均値を $\bar{x}$ とし，同一の選択肢を複数回用いることはないものとする。

$$S = \sum_{i=\boxed{12}}^{\boxed{11}} (x_i - \boxed{13})^{\boxed{14}}$$

$$= \sum_{i=\boxed{12}}^{\boxed{11}} x_i{}^{\boxed{14}} - \frac{\left(\sum_{i=\boxed{12}}^{\boxed{11}} x_i\right)^{\boxed{14}}}{\boxed{11}}$$

ここに，

$$\boxed{13} = \frac{\sum_{i=\boxed{12}}^{\boxed{11}} x_i}{\boxed{11}}$$

選択肢

ア．1　　　　イ．2　　　　ウ．3　　　　エ．$i-1$
オ．i　　　　カ．$i+1$　　キ．$n-1$　　ク．n
ケ．$n+1$　　コ．$\bar{x}-1$　サ．$\bar{x}$　　シ．$\bar{x}+1$

解答欄

11	12	13	14

問4 真の質量が m であるようなひとつの製品を，ある質量測定器で測定した時の測定値 x の統計量に関する次のそれぞれの記述について，正しいものには○を，正しくないものには×を解答欄に記入しなさい。ただし，この質量測定器は，平均値として母平均から μ だけ正の誤差が出る機器であって，測定のばらつきの母分散は σ^2 であるとする。

① この質量 m の製品を多数回測定すると，測定値 x はばらつくものの，その平均は m に近づく。　　　　　　　　　　　　　　15

② この質量 m の製品を多数回測定すると，測定値 x はばらつくものの，x の2乗の平均は m^2 に近づく。　　　　　　　　　　16

③ この質量 m の製品を多数回測定すると，測定値 x はばらつくものの，その不偏分散は σ^2 に近づく。　　　　　　　　　　　　17

④ この質量 m の製品を n 回測定するとき，測定値 x の平均を $\bar{x}$ と書くならば，このデータの不偏分散 V は次のように書かれる。

$$\frac{1}{n-1}\sum_{i=1}^{n}(x_i-\bar{x})^2$$

18

⑤ 母分散 σ^2 は，④の不偏分散を無限回（$n \to \infty$）測定した時の V のことであって，現実には求めることは困難であるが，測定値から求められる不偏分散は母分散 σ^2 の推定値として扱われる。　　　　19

解答欄

15	16	17	18	19

第
4
回

問
題

平均に関する次の文章において， □ 内に入るもっとも適切なものを次の選択肢から選び，その記号を解答欄に記入しなさい。ただし，同一の選択肢を複数回用いることはないものとする。

変量 a_1 および a_2 にそれぞれ W_1 および W_2 の重みが付いている時の変量の平均は次のように表される。これを □ 20 □ という。

$$\overline{a} = \frac{W_1 a_1 + W_2 a_2}{W_1 + W_2}$$

□ 20 □ の特徴としては，以下のようなものが挙げられる。

① □ 20 □ の次元あるいは □ 21 □ は，変量と同じでなければならない。

② 重みが等しいときは □ 22 □ となる。

③ 2つの変数(の番号)を入れ替えても同一の式になる。この性質を □ 23 □ という。

④ 重みが0の変量は，平均値に寄与しない。

選択肢

ア．調和平均　　　　イ．相乗平均　　　　ウ．重み付き平均

エ．単純平均　　　　オ．対数平均　　　　カ．単価

キ．単一　　　　　　ク．単位　　　　　　ケ．交代式

コ．不等式　　　　　サ．対称式

解答欄

20	21	22	23

問6 ある工程で製造される製品についてのヒストグラム作成に関する次の文章において，□□□内に入るもっとも適切なものを次の選択肢から選び，その記号を解答欄に記入しなさい。ただし，同一の選択肢を複数回用いることはないものとする。

手順1 | 24 |
手順2 | 25 |
手順3 | 26 |
手順4 区間の数を設定する。
手順5 | 27 |
手順6 区間の境界値を決める。
手順7 区間の中心値を決める。
手順8 | 28 |
手順9 | 29 |
手順10 | 30 |
手順11 必要事項（目的，製品名，工程名，データ数，作成者，作成年月日等）を記入する。

選択肢

ア．ヒストグラムを作成する。
イ．データの最大値と最小値を求める。
ウ．区間の幅を決める。
エ．データを集める。
オ．平均値や規格値の位置を記入する。
カ．データの度数を数えて，度数表を作成する。
キ．ヒストグラムを作成する特性を決める。

解答欄

24	25	26	27	28	29	30

問7

2つの変量 x_i および y_i ($i = 1 \sim n$) が互いに独立な変量であるとき，次の式が正しいものであれば〇を，誤っているものであれば×を解答欄に記入しなさい。ただし，$\overline{x}$ は x の平均を，r_{xy} は2つの変量 x_i および y_i の相関係数を，S_{xy} はそれらの偏差積和を，Cov はそれらの共分散を，$[x_i - \overline{x}]$ は $x_i - \overline{x}$ を成分とする n 次元ベクトルを，⊥はベクトルの直交を意味するものとする。

① $r_{xy} = 0$

② $S_{xy} = 0$

③ $Cov\,(x,\ y) = 0$

④ $\overline{xy} = \overline{x}\ \overline{y}$

⑤ $[x_i - \overline{x}] \perp [y_i - \overline{y}]$

31

32

33

34

35

解答欄

31	32	33	34	35

問 8 次に示す5つの表のうち，直交表 $L_4(2^3)$ として正しいものには〇を，正しくないものには×を解答欄に記入しなさい。

①		
1	2	2
1	1	1
2	2	1
2	1	2

36

②		
2	2	2
2	1	1
1	2	1
1	1	2

37

③		
1	2	1
2	2	2
1	1	1
2	1	2

38

④		
1	1	2
1	2	1
2	2	1
2	1	2

39

⑤		
1	1	1
1	2	2
2	1	2
2	2	1

40

解答欄

36	37	38	39	40

第 **4** 回

問 題

問9

一連の作業をする上で，作業名とその作業に必要な先行作業をまとめたものが次表のように与えられている。これをアロー・ダイヤグラムとして書き換えた時に正しい図はどれになるか。その記号を解答欄に記入しなさい。ただし，ダミー作業を破線で表すものとする。

作業	先行作業
A	－
B	－
C	A
D	A，B

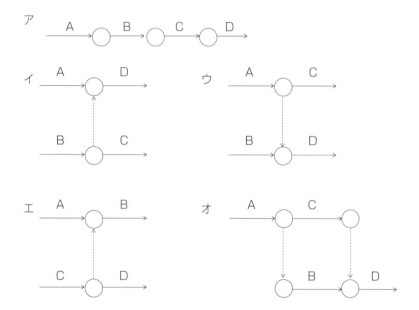

解答欄

41

74

問 10 TKJ法に関する次の文章において，　　　　内に入るもっとも適切な語句を次の選択肢から選び，その記号を解答欄に記入しなさい。ただし，同一の選択肢を複数回用いることはないものとする。

手順1　情報やアイデアなどの言語データを　42　化する。
手順2　　42　をシャッフルする。
手順3　　42　を全員に配る。
手順4　1人が親になり1枚を読んで場に出す。
手順5　全員がそれに関連あると思う　42　を出す。
手順6　それらをまとめて，手順4に戻る。
手順7　　42　を出し終われば，それを大きな紙の上に整理して，グループごとに　43　を付ける。そのグループを「　44　」と呼ぶ。
手順8　　45　の高い　44　を集めながら，全体をまとめていく。

選択肢

ア．連関性　　　　イ．継続性　　　　ウ．親和性
エ．親近感　　　　オ．充足感　　　　カ．系統性
キ．カード　　　　ク．トランプ　　　ケ．タイトル
コ．島　　　　　　サ．山

解答欄

42	43	44	45

QC 七つ道具あるいは新 QC 七つ道具に関する次の図について，対応する手法の名称を次の選択肢から選び，その記号を解答欄に記入しなさい。

①

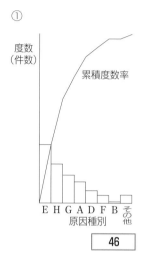

46

②

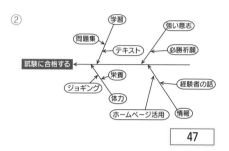

47

③

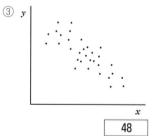

48

④

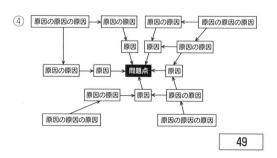

49

⑤

A＼B	b_1	b_2	$\cdots$	b_j	$\cdots$	b_n
a_1						
a_2						
$\vdots$						
a_i						
$\vdots$						
a_m						

| 50 |

選択肢

ア．散布図	イ．管理図
ウ．特性要因図	エ．チェックシート
オ．系統図法	カ．パレート図
キ．PERT 図法	ク．親和図法
ケ．連関図法	コ．ヒストグラム
サ．マトリックス図法	

解答欄

46	47	48	49	50

問12

システムの信頼性に関する次の文章において，☐内に入るもっとも適切なものを次の選択肢から選び，その記号を解答欄に記入しなさい。ただし，同一の選択肢を複数回用いることはないものとする。

2つのシステム A および B において，それぞれの故障確率を $Pr(A)$ および $Pr(B)$ と書く時，システム A and B およびシステム A or B の故障確率を考える。

故障確率に対して，信頼性確率 Re を次のように定義する。

$$Re(A) = 1 - Pr(A) \qquad Re(B) = 1 - Pr(B)$$

すると，$Re(A \text{ and } B)$ は両システムが同時に信頼される確率なので，

$$Re(A \text{ and } B) = Re(A) \times Re(B) = (\boxed{51})(\boxed{52})$$
$$= 1 - (\boxed{53}) + (\boxed{54})$$
$$\therefore \quad Pr(A \text{ and } B) = 1 - Re(A \text{ and } B) = \boxed{53} - \boxed{54}$$

一方，$Re(A \text{ or } B)$ は，少なくとも片方のシステムが信頼される場合であるが，$Re(A) + Re(B)$ とすると，両方同時に信頼されるケースが2回数えられてしまうので，そのうち1つを差し引いて，

$$Re(A \text{ or } B) = Re(A) + Re(B) - Re(A) \times Re(B)$$
$$= 1 - Pr(A) + 1 - Pr(B) - (1 - Pr(A))(1 - Pr(B))$$
$$= 1 - \boxed{54}$$
$$\therefore \quad Pr(A \text{ or } B) = 1 - Re(A \text{ or } B) = \boxed{54}$$

選択肢

ア．$Pr(A)$　　　イ．$Pr(B)$　　　ウ．$1 - Pr(A)$
エ．$1 - Pr(B)$　　オ．$1 - Pr(A) - Pr(B)$　　カ．$Pr(A) + Pr(B)$
キ．$Pr(A) - Pr(B)$　　ク．$Pr(A) \div Pr(B)$　　ケ．$Pr(A) \times Pr(B)$

解答欄

51	52	53	54

問 13 寿命データの分析においては，寿命の平均値を問題とすることが多い。寿命データに関する次のそれぞれの記述について，正しいものには〇を，正しくないものには×を解答欄に記入しなさい。

① 各種機器が稼働してから最初の故障が起こるまでの時間を平均したものが MTTF と呼ばれる尺度である。 | 55 |

② ある故障から次の故障までの時間を平均したものが FMEA という尺度である。 | 56 |

③ 故障してから修復するまでの平均時間を MTTR という。 | 57 |

④ B_{10} ライフを t_0 と書けば，不信頼度関数 $F(t)$ において $F(t_0) = 0.90$ となる。 | 58 |

⑤ アベイラビリティという尺度があり，次のように表される。 | 59 |

$$アベイラビリティ = \frac{MTBF}{MTTR + MTBF}$$

解答欄

55	56	57	58	59

工程能力指数を検討する分野において，次に示す式が
かたより度を表す式に一致する場合には〇を，そうで
ない場合には×を解答欄に記入しなさい。ただし，規
格の上限および下限をそれぞれ S_U, S_L と書くものと
し，平均値を $\overline{x}$ とする。

① $\dfrac{(S_U + S_L) - 2\overline{x}}{S_U + S_L}$

$\boxed{60}$

② $\dfrac{\left| \dfrac{S_U + S_L}{2} - \overline{x} \right|}{\dfrac{S_U - S_L}{2}}$

$\boxed{61}$

③ $\dfrac{\max(S_U + S_L - 2\overline{x},\ 2\overline{x} - S_U - S_L)}{S_U - S_L}$

$\boxed{62}$

④ $\dfrac{\min(S_U + S_L - 2\overline{x},\ 2\overline{x} - S_U - S_L)}{S_L - S_U}$

$\boxed{63}$

⑤ $\dfrac{|(S_U + S_L) - 2\overline{x}|}{S_U - S_L}$

$\boxed{64}$

⑥ $\dfrac{|S_L - S_U - 2\overline{x}|}{S_U + S_L}$

$\boxed{65}$

解答欄

60	61	62	63	64	65

問 15 あるR管理図の平均が1.23，その上方管理限界が 2.81であるとき，$\overline{X}-R$管理図中の$\overline{X}$の管理限界は 中心線の上下にどれだけの幅で確保することが望まし いか。次の文章の □ に入るもっとも適切なもの を次の選択肢から選び，解答欄に記入しなさい。ただ し，$\overline{X}-R$管理図用の係数表の一部を次に示す。

n	A_2	D_3	D_4
2	1.880	—	3.267
3	1.023	—	2.575
4	0.729	—	2.282
5	0.577	—	2.115
6	0.483	—	2.004
7	0.419	0.076	1.924

$\overline{X}$の管理限界線は，Xの平均の平均 **66** を中心線として，**67** の ところにあり，R管理図において，上方および下方の管理限界線は，それ ぞれ **68** および **69** で与えられる。A_2やD_3，D_4は統計学的に求め られている定数である。

ここでは，**70** = 1.23がわかっているので，それと **68** = 2.81か ら，D_4 = 2.285 が求まる。これをもとに与えられた表より，n = 4 であるこ とがわかるので，A_2 = 0.729 となる。したがって，$\overline{X}$の管理限界幅は，以下 のように求められる。

$$\boxed{67} = \pm 0.729 \times 1.23 = \pm 0.897$$

選択肢

ア．$\overline{X}$　　　イ．$\overline{\overline{X}}$　　　ウ．$\pm\overline{X}$　　　エ．$\pm\overline{\overline{X}}$

オ．$\overline{R}$　　　カ．$\pm\overline{R}$　　　キ．$A_2\overline{R}$　　　ク．$\pm A_2\overline{R}$

ケ．$D_3\overline{R}$　　　コ．$D_4\overline{R}$

解答欄

66	67	68	69	70

問 16 品質保証は工業製品に限らず広い分野で重要なものである。品質保証に関する次の文章において， 内に入るもっとも適切なものを次の選択肢から選び，その記号を解答欄に記入しなさい。ただし，同一の選択肢を複数回用いることはないものとする。

市場に出回る形の 71 において，顧客は 72 を信用して商品を購入するので， 72 としては顧客に対して品質の保証をしなければならない。そのための品質保証活動が重要となる。

また，品質や価格が 72 と顧客の話し合いで定まる形の 73 において， 72 はその契約を守るための品質保証が必要となる。

さらに， 74 に基づく生産工場においては，使用者・消費者の要求を把握し，設計，製造・加工，検査，販売などの過程全般にわたって 75 を適切に行い，製品・加工品について常に 74 規格に適合する品質を保証することが義務となる。

選択肢

ア．輸入型商品　　　イ．輸出型商品　　　ウ．市場型商品
エ．契約型商品　　　オ．分解者　　　　　カ．生産者
キ．JAS　　　　　　ク．JES　　　　　　ケ．JIS
コ．品質維持　　　　サ．品質管理

解答欄

71	72	73	74	75

第5回
模擬テスト
問題

試験時間　90分
解答一覧　P.116
解答解説　P.187
解答用紙　P.215

問 1

次に示すような考え方を何という用語で表すか。該当する適切なものを次の選択肢から選び，解答欄に記入しなさい。ただし，同一の選択肢を複数回用いることはないものとする。

① 1 志向　現状を検討して策定する対策は，可能な限りおおもとの原因にさかのぼったものでなければならないとする考え方

② 2 志向　取り組むべき対象が複数ある場合には，特に重要とみられるものや効果の大きいものから取り組むべきとする考え方

③ 3 志向　消費者の品質要求を十分にウォッチし，できるだけこれに合わせるようにする生産上の考え方

④ 4 志向　コストの合理化や収率の向上など，生産者の立場を優先した生産上の考え方

選択肢

ア．生産者	イ．消費者	ウ．経営者
エ．管理者	オ．監督者	カ．重点
キ．上流	ク．下流	ケ．源流

解答欄

1	2	3	4

問2 産業標準化に関する次の文章において，□□□内に入るもっとも適切なものを次のそれぞれの選択肢から選び，その記号を解答欄に記入しなさい。ただし，各選択肢を複数回用いることはない。

① 日本産業規格は，その性格によって区分すると，[5]規格，方法規格，製品規格の3つに分類することができる。[5]規格は，用語，記号，単位，標準数などの共通事項を規定したものである。

5 の選択肢

ア．基準　　イ．基本　　ウ．規範

② JIS マークには3つの種類があり，鉱工業品用のものは[6]，加工技術用のものは[7]，特定の側面用のものは[8]である。

6～8 の選択肢

ア．　　イ．　　ウ．

解答欄

5	6	7	8

問3 データに関する次のそれぞれの記述について、正しいものには○を、正しくないものには×を解答欄に記入しなさい。

① データとは、事実を反映する数量であって、採取可能なもの、あるいは採取されたものをいう。数量に当たらないものはデータとはいわない。
9

② 測定によって得られた数値は、データである。
10

③ データの種類には、計量値、計数値、分類データ、順位データなどがある。
11

④ 分類データをさらに分類すると、純分類データと順序分類データになる。
12

⑤ なんらかの量的な大小によって順位をつける、1位、2位、3位などは順序分類データである。
13

解答欄

9	10	11	12	13

問 4 計数値あるいは計量値に関する次のそれぞれの記述について，正しいものには○を，正しくないものには×を解答欄に記入しなさい。

① 人間の寿命は「何歳」という数え方をするので，計数値である。

　　　　　　　　　　　　　　　　　　　　　　　　　　　　| 14 |

② 日本の鉄道における枕木の総数は，計数値である。　　| 15 |

③ 人口10万人当たりにおける昨年度の日本の結婚率は，整数値にはならないので，計量値とみなされる。　　| 16 |

④ 今朝の食事のカロリー数は計量値である。　　| 17 |

⑤ コップの中の水の量は計量値であるので，コップの中に入っている水の分子の数も計量値である。　　| 18 |

解答欄

14	15	16	17	18

問 5

変量 x を横軸にとったヒストグラムにおいて，ヒストグラムの区間幅を h ，中央の区間の中心値を x_0 （仮の平均値），各区間の中心値を x_i $(i = 1 \sim n)$ ，その度数を f_i $\left(N = \sum\limits_{i=1}^{n} f_i\right)$ とする時，次の量 u_i を導入する。

$$u_i = \frac{x_i - x_0}{h}$$

この u_i は，各区間に付される整数であって，中央の区間が 0 ，それより x が大なるものに正の整数，それより x が小なるものに負の整数を順に割り振るものとなる。このヒストグラム・データから平均値 $\overline{x}$ と標準偏差 s を求めるに当たって， 内に入るもっとも適切なものを次の選択肢から選び，その記号を解答欄に記入しなさい。ただし，同一の選択肢を複数回用いることはないものとする。

$$\overline{x} = \boxed{19} \,, \qquad s = \boxed{20}$$

選択肢

ア．$x_0 + \dfrac{\sum\limits_{i=1}^{n} u_i f_i}{h} \times n$　　イ．$x_0 + \dfrac{\sum\limits_{i=1}^{n} u_i^2 f_i}{n} \times h$　　ウ．$x_0 + \dfrac{\sum\limits_{i=1}^{n} u_i f_i}{N} \times h$　　エ．$x_0 + \dfrac{\sum\limits_{i=1}^{n} u_i^2 f_i}{h} \times n$

オ．$h \times \sqrt{\dfrac{1}{n-1}\left[\sum\limits_{i=1}^{n} u_i f_i - \dfrac{\left(\sum\limits_{i=1}^{n} u_i^2 f_i\right)^2}{n}\right]}$　　カ．$h \times \sqrt{\dfrac{1}{N-1}\left[\sum\limits_{i=1}^{n} u_i^2 f_i - \dfrac{\left(\sum\limits_{i=1}^{n} u_i f_i\right)^2}{N}\right]}$

キ．$n \times \sqrt{\dfrac{1}{n-1}\left[\sum\limits_{i=1}^{n} u_i^2 f_i - \dfrac{\left(\sum\limits_{i=1}^{n} u_i^2 f_i\right)^2}{h}\right]}$　　ク．$n \times \sqrt{\dfrac{1}{n-1}\left[\sum\limits_{i=1}^{n} u_i^2 f_i - \dfrac{\left(\sum\limits_{i=1}^{n} u_i f_i\right)^2}{h}\right]}$

解答欄

19	20

問6

変量の分散を求める際には平均値を基準に取る立場が一般的であるが，時に平均値とは別な値を基準に取ることも行われる。そのような計算を行った次の文章において，　　　　内に入るもっとも適切なものを次の選択肢から選び，その記号を解答欄に記入しなさい。ただし，平均値は変量の上付きバーで表現するものとし，同一の選択肢を複数回用いることはないものとする。

データ $\{x_i\}$ $(i = 1 \sim n)$ がある時に，基準値を p としてこれからの偏差である $y_i = x_i - p$ によって分散と標準偏差を，以下の手順によって求めた。

手順1　偏差平方和 S

$$S = \sum_{i=1}^{n} (x_i - \boxed{\text{21}})^2$$

手順2　分散 V

この場合の自由度は $\boxed{\text{22}}$ となるので，$V = \dfrac{S}{\boxed{\text{22}}}$

手順3　標準偏差 s

$$s = \boxed{\text{23}}$$

手順4　変動係数 CV

$$CV = \dfrac{s}{\boxed{\text{24}}}$$

選択肢

ア. V　　イ. $\sqrt{V}$　　ウ. V^2　　エ. p　　オ. $\sqrt{p}$

カ. p^2　　キ. $\bar{p}$　　ク. $n-1$　　ケ. n　　コ. $n+1$

サ. n^2　　シ. $\bar{n}$　　ス. $\bar{x}$　　セ. $\sqrt{x}$

解答欄

21	22	23	24

特性要因図の作成手順に関する次の文章において，
　　　　　内に入るもっとも適切なものを次の選択肢から選び，その記号を解答欄に記入しなさい。ただし，同一の選択肢を複数回用いることはないものとする。

手順1　　 25 　を決める。

手順2　　 26 　を記入する。

手順3　大骨（大 27 ）を記入する。

手順4　　 27 　の洗い出しを行って，中骨および 28 を記入する。

手順5　　 27 　に漏れがないかどうかを確認する。

手順6　各 27 における影響の大きさを検討して赤丸印などを付ける。

手順7　必要な事項（表題，検討対象名，作成年月日， 29 他）を記入する。

選択肢

ア．特徴　　　　　　イ．特性　　　　　　ウ．PLP

エ．背骨　　　　　　オ．PL　　　　　　　カ．子骨あるいは孫骨

キ．作成場所　　　　ク．作成時間　　　　ケ．作成参加者

コ．原因　　　　　　サ．要因

解答欄

25	26	27	28	29

問8 図は標準正規分布 $N(0, 1^2)$ のグラフを示す。その分布全体の面積を1.0とするとき，分布の区分 A〜H に関する次の文章において，　　内に入るもっとも適切なものを次の選択肢から選び，その記号を解答欄に記入しなさい。ただし，同一の選択肢を複数回用いることはないものとする。

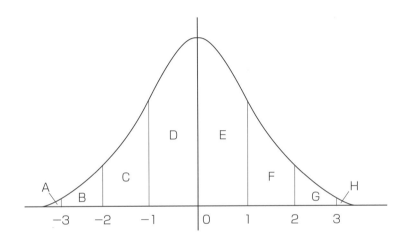

① A の面積は，約　**30**　である。
② D の面積は，約　**31**　である。
③ C の面積は，約　**32**　である。
④ B の面積は，約　**33**　である。
⑤ G＋H の面積は，約　**34**　である。

選択肢

ア．0.0015　　イ．0.0135　　ウ．0.0215　　エ．0.023　　オ．0.0255

カ．0.0275　　キ．0.1355　　ク．0.3155　　ケ．0.3415　　コ．0.4325

解答欄

30	31	32	33	34

問 **9**　2つの変量 x_i および y_i $(i = 1 \sim n)$ があるとき，n が十分に大きい時には，$\overline{xy} - \overline{x}\,\overline{y}$ は次のどれに等しくなるか。正しいものの記号を解答欄に記入しなさい。

ア．$r_{xy}\sigma_x\sigma_y$

イ．$r_{xy}(\sigma_x + \sigma_y)$

ウ．$r_{xy}(\sigma_x - \sigma_y)$

エ．$\dfrac{1}{r_{xy}}\sigma_x\sigma_y$

オ．$\dfrac{r_{xy}}{\sigma_x\sigma_y}$

解答欄

35

問 10 繰り返しのある二元配置法が，繰り返しのない二元配置法に対してもつメリットであるものに〇を，そうでないものに×を解答欄に記入しなさい。

① 水準間変動と水準内変動の大きさを比較できる。　　　　36

② 交互作用の効果を求めることができる。　　　　　　　37

③ 誤差項と交互作用を分離できる。　　　　　　　　　　38

④ 二因子交互作用が考えられない場合に行うことができる。　39

⑤ 繰り返しのデータから，誤差の等分散性などの検証ができる。　40

解答欄

36	37	38	39	40

問11

ある計量器の誤差を検討するに当たり，誤差の原因となる可能性のある5因子A，B，C，D，Eのそれぞれに3水準をとって直交表による割付実験を行った。その結果をまとめた分散分析表をもとにして，効果の寄与率を検討した結果が次である。この結果に関する次のそれぞれの記述について，正しいものには○を，正しくないものには×を解答欄に記入しなさい。

要因	平方和	自由度	分散	寄与率(%)
A	S_A	f_A	V_A	20
B	S_B	f_B	V_B	11
C	S_C	f_C	V_C	51
D	S_D	f_D	V_D	7
E	S_E	f_E	V_E	3
その他誤差 e	S_e	f_e	V_e	8
合計	S_T			100

① この計量器の誤差に与える各因子の影響の大きさは，C，A，B，D，Eの順といえる。　　　　　　　　　　　　　　　　　　　41

② もっとも影響の大きい要因であるC因子を改善すれば，全体の誤差はおよそ半分になることが予想される。　　　　　　　　　　　42

③ 因子DおよびEの改善によってもあまり効果は期待できない。　43

④ 上位より3つの強い因子C，A，Bを改善すれば，全体の80%の改善が期待される。　　　　　　　　　　　　　　　　　44

⑤ 因子C，A，Bを改善することによって，その他の誤差eの効果も大幅に改善できる可能性がある。　　　　　　　　　　　　　45

解答欄

41	42	43	44	45

問 12

あるプロジェクトにおける各作業を PERT 図に表したものが次の図である。この図に関する次の記述について，正しいものには○を，正しくないものに×を解答欄に記入しなさい。ただし，それぞれのアローに付された数字は，その作業の所要日数であり，それぞれの結合点に付された 2 段枠内の数字は，上段が最早結合点日程，下段が最遅結合点日程を表すものとする。

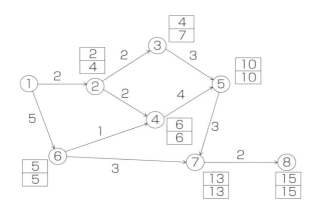

① 最早結合点日程とは，その結合点から始まる作業が開始できるもっとも早い日程のことである。　　　　　　　　　　　　　　　　46

② 最遅結合点日程とは，最終結合点日程での計画の完了の日から逆算して，その結合点で終わる作業が遅くとも終了していなければならない日程である。　　　　　　　　　　　　　　　　　　　　　　　　　47

③ 全体の計画の始点から終点までをつなぐ経路のうち，最短日数の経路をクリティカルパスと呼んでいる。　　　　　　　　　　　　　48

④ 最早結合点日程と最遅結合点日程が一致する結合点を結んだ経路がクリティカルパスとなる。　　　　　　　　　　　　　　　　49

⑤ クリティカルパスに属する作業は，多少遅延しても直接には全体の日程に影響しない。　　　　　　　　　　　　　　　　　　　50

解答欄

46	47	48	49	50

問 13
次に示すのは，マトリックス図法において用いられる各種の図である。①〜⑦のそれぞれの名称を次の選択肢から選び，その記号を解答欄に記入しなさい。ただし，同一の選択肢を複数回用いることはないものとする。

①

B A	b_1	b_2	b_3
a_1			
a_2			
a_3			

51

②

a_1	a_2	a_3	A C B	c_1	c_2	c_3
			b_1			
			b_2			
			b_3			

52

③

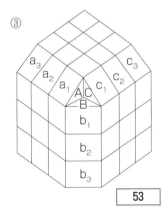

53

④

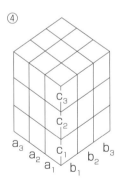

54

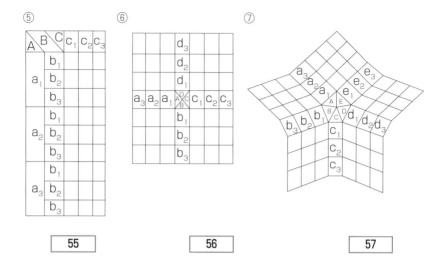

⑤ | 55 |

⑥ | 56 |

⑦ | 57 |

選択肢

ア．X 型マトリックス イ．P 型マトリックス

ウ．L 型二元マトリックス エ．C 型マトリックス

オ．T 型マトリックス カ．L 型三元マトリックス

キ．Y 型マトリックス

解答欄

51	52	53	54	55	56	57

問 **14** 信頼度がそれぞれ R_1, R_2, R_3, R_4 であるような4種のブロックからなる次の5つのシステムにおいて，それらの総合信頼度はどのようになるか。それぞれについてもっとも適切なものを次の選択肢から選び，その記号を解答欄に記入しなさい。ただし，同一の選択肢を複数回用いることはないものとする。

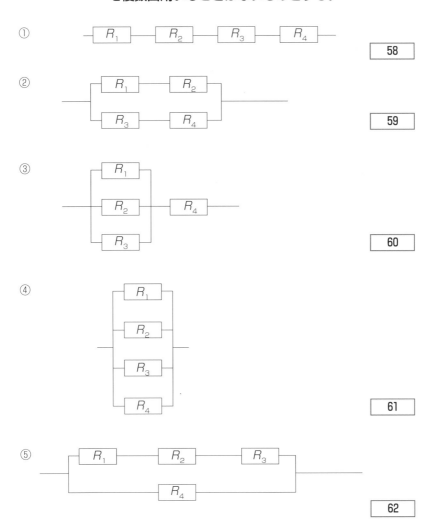

① 58

② 59

③ 60

④ 61

⑤ 62

第 **5** 回

問 題

99

選択肢

ア．$R_1 + R_2 + R_3 + R_4$ 　　　　イ．$R_1 R_2 R_3 R_4$

ウ．$R_1 R_2 + R_3 R_4 - R_1 R_2 R_3 R_4$ 　　エ．$R_1 R_2 R_3 + R_4 - R_1 R_2 R_3 R_4$

オ．$(R_1 + R_2 + R_3 - R_1 R_2 - R_2 R_3 - R_3 R_1 + R_1 R_2 R_3) R_4$

カ．$R_1 + R_2 + R_3 + R_4 - R_1 R_2 - R_1 R_3 - R_1 R_4 - R_2 R_3 - R_2 R_4 - R_3 R_4$
　　$+ R_1 R_2 R_3 + R_1 R_2 R_4 + R_1 R_3 R_4 + R_2 R_3 R_4 - R_1 R_2 R_3 R_4$

解答欄

58	59	60	61	62

問 15 ある工程の製品に関する管理図作成法について，□□□□内に入るもっとも適切なものを次の選択肢から選び，その記号を解答欄に記入しなさい。ただし，同一の選択肢を複数回用いることはないものとする。

手順1 　[63]

手順2 　[64]

手順3 　群ごとにデータの範囲 R を求める。

手順4 　群ごとの平均値 $\overline{X}$ の平均値 $\overline{\overline{X}}$ を求める。

手順5 　[65]

手順6 　[66]

手順7 　管理線を記入する。

手順8 　[67]

手順9 　その他の必要事項を記入する。

選択肢

ア．群ごとの範囲 R の平均値 $\overline{R}$ を求める。

イ．群ごとの平均値 $\overline{X}$ と範囲 R をグラフ上に打点する。

ウ．群の大きさ n が 2 〜 6 程度になるような時系列データを収集する。

エ．管理線を計算する。

オ．群ごとにデータの平均値 $\overline{X}$ を求める。

解答欄

63	64	65	66	67

問 **16**　製造組織における顧客への対応において，製品に対する苦情に関する次の文章において，□□□内に入るもっとも適切なものを次の選択肢から選び，その記号を解答欄に記入しなさい。ただし，同一の選択肢を複数回用いることはないものとする。

　一般に　68　が製造する製品に対しては，顧客からの各種の苦情がつきものである。通常，苦情あるいは　69　と呼ばれるものは，製品あるいは苦情対応プロセスにおいて，組織に対する　70　の表現であり，その対応あるいは解決法が明示的または暗示的に期待されているものをいう。

　特に修理，取替，値引き，解約あるいは　71　などの具体的請求をともなうものを　72　と呼んでいる。　68　あるいは販売者の側に具体的に持ち込まれる　72　を　73　，持ち込まれずに顧客の側に留まる　72　を　74　といわれることもある。

　　73　は否応なく対応することが必要であるが，一般に　74　は　68　側に届きにくいので，　68　としては，　74　をいかにきき出してよりよい製品を製造していくかということが，ひとつの大きな課題でもある。

選択肢

ア．生産者　　イ．消費者　　　ウ．コンプレイン　　エ．満足
オ．不満足　　カ．損害賠償　　キ．潜在クレーム　　ク．顕在クレーム
ケ．クレーム

解答欄

68	69	70	71	72	73	74

問 17 次の文章において，□□□□□内に入るもっとも適切なものを次の選択肢から選び，その記号を解答欄に記入しなさい。

　1日当たり平均0.02回の交通事故が起こる交差点がある。この交差点で交通事故が起こらない確率は，□ 75 □である。ただし，計算には次のポアソン分布の確率計算式を用いてよいものとし，eは自然対数の底で，その値は2.718とし，$7.4^{0.01}=1.02$とする。

$$\Pr(X = x) = e^{-\lambda}\frac{\lambda^x}{x!}$$

選択肢

ア．0.81　　イ．0.85　　ウ．0.95　　エ．0.98

解答欄

75

模擬テスト
解答解説

模擬テスト 解答一覧

第1回模擬テスト

問1

1	2	3	4	5
ア	ウ	キ	キ	カ

問2

6	7	8	9	10
×	×	○	×	×

問3

11	12	13	14	15
○	○	×	×	○

問4

16	17	18	19	20
イ	ウ	エ	ア	オ

問5

21	22	23	24	25
ソ	シ	コ	コ	イ

問6

26	27	28	29
×	○	×	○

問 **7**

30	31	32	33	34
○	○	○	×	○

問 **8**

35	36	37	38	39
ウ	オ	サ	コ	ス

問 **9**

40	41	42	43	44	45	46
キ	エ	オ	ア	イ	ウ	カ

問 **10**

47	48	49	50	51
ウ	ケ	キ	ア	エ

問 **11**

52	53	54	55	56
ウ	カ	イ	オ	キ

問 **12**

57	58	59	60
ケ	サ	サ	シ

問 **13**

61	62	63	64	65
○	×	×	○	○

問 14

66	67	68	69	70
○	○	×	×	○

問 15

71	72	73	74	75
○	○	×	×	○

問 16

76	77	78	79	80
ア	キ	ス	ソ	サ

問 17

81	82	83
ク	オ	ケ

第2回模擬テスト

問 1

1	2	3	4	5
オ	カ	エ	イ	ウ

問 2

6	7	8	9	10
エ	ウ	ウ	カ	カ

問 3

11	12	13	14	15
オ	ウ	エ	イ	ア

問 4

16	17	18	19	20
イ	ウ	ケ	シ	サ

問 5

21	22	23	24	25
オ	エ	イ	ウ	ア

問 6

26	27	28	29	30
×	○	×	×	×

問 7

31	32	33	34	35
エ	イ	カ	ア	オ

問 8

36	37	38	39
ウ	ア	エ	イ

問 9

40	41	42	43	44
○	○	○	×	×

問 10

45	46
エ	ケ

問 11

47	48	49	50	51
イ	ア	オ	エ	ウ

問 12

52	53	54	55	56
○	○	×	○	×

問 13

57	58	59	60
○	○	×	×

問 14

61	62	63	64	65
イ	ウ	エ	オ	ア

問 15

66	67	68	69	70
ア	エ	カ	キ	サ

問 16

71	72	73	74	75
オ	ア	エ	ウ	イ

第
2
回

解答一覧

第3回模擬テスト

問 1

1	2	3	4	5
イ	オ	ウ	キ	カ

問 2

6	7	8	9	10
カ	エ	ア	オ	イ

問 3

11	12	13	14	15	16	17	18
イ	オ	ク	シ	ス	チ	ナ	ハ

問 4

19	20	21	22	23
オ	キ	ア	イ	ケ

問 5

24	25	26	27	28
キ	ク	ア	オ	イ

問 6

29	30	31
ク	イ	カ

問 7

32	33	34
ア	キ	エ

問 8

35	36	37	38	39
イ	エ	オ	ケ	サ

問 9

40	41	42	43	44
サ	ウ	エ	ソ	シ

問 10

45	46	47	48
ス	キ	セ	ク

問 11

49	50	51	52
イ	オ	ク	エ

問 12

53	54	55	56	57
キ	ア	エ	オ	ケ

問 13

58	59	60	61	62	63
ウ	ア	イ	ウ	ク	ケ

問 14

64	65	66	67	68
コ	サ	ク	ケ	キ

解答一覧

問 15

69	70	71	72	73	74
オ	ク	ア	エ	カ	ア

問 16

75	76	77	78	79
カ	キ	イ	ウ	オ

第4回模擬テスト

問 1

1	2	3	4	5
エ	オ	ク	カ	キ

問 2

6	7	8	9	10
×	×	×	○	○

問 3

11	12	13	14
ク	ア	サ	イ

問 4

15	16	17	18	19
×	×	○	○	○

問 5

20	21	22	23
ウ	ク	エ	サ

問 6

24	25	26	27	28	29	30
キ	エ	イ	ウ	カ	ア	オ

問 7

31	32	33	34	35
○	○	○	○	○

問 8

36	37	38	39	40
◯	◯	×	×	◯

問 9

41
ウ

問 10

42	43	44	45
キ	ケ	コ	ウ

問 11

46	47	48	49	50
カ	ウ	ア	ケ	サ

問 12

51	52	53	54
ウ	エ	カ	ケ

問 13

55	56	57	58	59
◯	×	◯	×	◯

問 14

60	61	62	63	64	65
×	◯	◯	◯	◯	×

問 15

66	67	68	69	70
イ	ク	コ	ケ	オ

問 16

71	72	73	74	75
ウ	カ	エ	ケ	サ

第5回模擬テスト

問 1

1	2	3	4
ケ	カ	イ	ア

問 2

5	6	7	8
イ	ウ	イ	ア

問 3

9	10	11	12	13
×	○	○	○	×

問 4

14	15	16	17	18
×	○	×	○	×

問 5

19	20
ウ	カ

問 6

21	22	23	24
エ	ケ	イ	ス

問 7

25	26	27	28	29
イ	エ	サ	カ	ケ

問 **8**

30	31	32	33	34
ア	ケ	キ	ウ	エ

問 **9**

35
ア

問 **10**

36	37	38	39	40
×	○	○	×	○

問 **11**

41	42	43	44	45
○	○	○	○	×

問 **12**

46	47	48	49	50
○	○	×	○	×

問 **13**

51	52	53	54	55	56	57
ウ	オ	キ	エ	カ	ア	イ

問 **14**

58	59	60	61	62
イ	ウ	オ	カ	エ

問 15

63	64	65	66	67
ウ	オ	ア	エ	イ

問 16

68	69	70	71	72	73	74
ア	ウ	オ	カ	ケ	ク	キ

問 17

75
エ

模擬テスト 解答解説

第1回模擬テスト

問 1 解説

サンプリングの種類には，次のようなものがあります。

ランダムサンプリング

母集団を構成している単位体・単位量などがいずれも同じような確率でサンプル中に入るようにサンプリングすること

2段サンプリング

2段階に分けてサンプリングすること。第1段階は，母集団をいくつかの1次サンプリング単位に分け，その中からいくつかをランダムに1次サンプルとしてサンプリングする。第2段階は，取られた1次サンプルをいくつかの2次サンプリング単位に分け，この中からいくつかをランダムに2次サンプルとしてサンプリングする

層別サンプリング

母集団を層別し，各層から1つ以上のサンプリング単位をランダムにとるサンプリング

集落サンプリング

母集団をいくつかの集落に分割し，全集落からいくつかの集落をランダムに選び，選んだ集落に含まれるサンプリング単位をすべてとるサンプリング

系統サンプリング

母集団中のサンプリング単位が，生産順のような何らかの順序で並んでいるとき，一定の間隔でサンプリング単位をとること

1：「サンプリング単位が同じ確率で入る」とあるので，単純ランダムサンプリング（調査対象をランダムにサンプリングする方法）に該当します。

2：「一定の間隔でサンプリング単位をとる方法」とあるので，系統サンプリングに該当します。

3：層別サンプリングでは，サンプリングの誤差を小さくするためには，各層内のばらつきは小さくするべきです。

4，5：集落サンプリングでは，サンプリングの誤差を小さくするためには，集落間のばらつきは小さく，集落内のばらつきは大きくするべきです。

解答

1	2	3	4	5
ア	ウ	キ	キ	カ

問2 解説

① $\bar{x}$ は平均値として正しいのですが，$V(x)$ は分散を意味します。$E(x)$ が平均値あるいは期待値のことです。

② 中央値は正しくは $\tilde{x}$ と表記されます。

③ 記述のとおりです。{ } は集合（ものの集まり）を表す記号です。$\{x_i\}(i = 1 \sim n)$ という表現は，データなど n 個の変量（の集まり）を表します。

④ $\tilde{x}$ は中央値（メディアン）の記号です。モードの記号ではありません。

⑤ x_i の i を1から n まで変化させて，それらのすべての和をとることを意味するのは，$\sum_{i=1}^{n} x_i$ という表記です。記述では，1と n が入れ替わっています。

解答

6	7	8	9	10
×	×	○	×	×

問 3 解説

①〜⑤までについてそれぞれ A〜C の性質があるかどうか検討してみます。その結果を表にまとめますと、次のようになります。

	A	B	C
①	○	○	○
②	○	○	○
③	○	○	×
④	○	○	×
⑤	○	○	○

それぞれ確認をされるとよいと思いますが、③と④について C の性質を確認するために、b を a に置き換えて計算してみますと、それぞれ次のようになります。

③ $a/2$

④ $\sqrt{2a}$

したがって、①、②および⑤が○、③および④が×になりますね。

また、⑤の式は対数が入っていて若干特別で、C の性質を確認するためには、少し高度な数学を要します。たとえば、次の式で x が 1 に近づく時に式の値も 1 に近づくことを利用する必要があります。ご存じでない方はそういうものだと思ってください。

$$\frac{x-1}{\ln x}$$

その関係を使うため、$b/a = x$ として⑤の式を次のように変形します。

$$\frac{a-b}{\ln a - \ln b} = \frac{b\left(\dfrac{a}{b}-1\right)}{\ln\left(\dfrac{a}{b}\right)} = \frac{b\,(x-1)}{\ln x}$$

この式で x を 1 に近づけますと、式は b に近づき、b も a に近づきますので、結局⑤の式が a に近づくことがわかります。

さらに、A の性質に関連することですが、「a および b が単位を有する場合、$M(a, b)$ はそれらと同等の単位を有する」ということもいえます。

第 1 回

解答解説

解答

11	12	13	14	15
○	○	×	×	○

問4 解説

　相関係数は，2変数間の関係を数値で記述する相関分析法において用いられます。2変数 x，y について，

●変数 x の値が大きいほど変数 y の値も大きい場合が正の相関関係です。

●変数 x の値が大きいほど変数 y の値が小さい場合が負の相関関係です。

●変数 x の値と，変数 y の値の間に増加あるいは減少の関係が成立しない場合を無相関といいます。

　偏差平方和 S_{xx}，偏差積和 S_{yy} および S_{xy} を使って，相関係数 r が次のように定義されます（S_{xx}，S_{yy}，S_{xy} の定義は問7解説を参照）。

$$r = \frac{S_{xy}}{\sqrt{S_{xx}S_{yy}}}$$

　相関係数 r は−1から＋1の間の値をとるもので，正の数字で絶対値が大きいほど正の相関が強いとされ，逆に負の数字で絶対値が大きいほど負の相関が強いとされます。

　この問題では，相関係数が正となる右上がりの図がBとCになっており，相対的にBのほうがCよりも狭い帯状になっていますので，相関係数をそれぞれ r_B および r_C と書けば，$r_B > r_C > 0$ という関係とみられます。また，AとEが右下がりの図になっており，Eのほうが狭い帯状になっていますので，相関係数の絶対値は $|r_E| > |r_A|$ とみられますが，これらの符号はマイナスなので，実際の値としては $0 > r_A > r_E$ ということになります。

　残るDの図は，右上がりとも右下がりともいえない形をしていますので，$r_D \fallingdotseq 0$ とみられます。この形はどちらかというと2次関数に近い形をしていますので，2次関数を使いますとより近い近似式が得られると思われますが，単一の相関係数という立場ではほぼゼロに近いと思われます。

　以上を総合しますと，次のようになります。

　　$r_B > r_C > r_D > r_A > r_E$

解答

16	17	18	19	20
イ	ウ	エ	ア	オ

問 **5** 解説

　和の期待値と差の期待値は，それぞれ平均値の和と差になりますので，

　　　和の期待値＝40.0＋50.0＝90.0

　　　｜差の期待値｜＝｜40.0−50.0｜＝10.0

　また，和の場合にも差の場合にも，分散が両変数の和になりますから，その平方根である標準偏差は，次のようになります。いずれも同じ結果です。

　　　和の標準偏差＝$\sqrt{3.0^2 + 4.0^2}$ = 5.0

　　　差の標準偏差＝$\sqrt{3.0^2 + 4.0^2}$ = 5.0

　そして，$A > B$ である確率は，$C = A - B$ としますと，C が正である確率ですから，C が 0 という値を規準化して 0 より大である確率を求めます。C の規準化された変数を u，その平均値を μ_C，標準偏差 σ_C をとしますと，$\mu_C = -10.0$，$\sigma_C = 5.0$ですから，

$$u = \frac{C - \mu_C}{\sigma_C} = \frac{0 - (-10.0)}{5.0} = 2.0$$

　これから，u が2.0より大きい確率を正規分布表から求めますと，0.0228となります。

解答

21	22	23	24	25
ソ	シ	コ	コ	イ

問 **6** 解説

① 分散が不明なので，平均値の差の検定には正規分布ではなくて，***t* 分布**（別名，スチューデント分布）が用いられます。

② 記述のとおりです。両集合は，それぞれ奇数個で等間隔のデータからなっていますので，その中央値が平均値となります。

③ 両集合は集合 A を単にスライドしただけの形になっていますので，両方

123

の分散は等しいはずです。具体的に求めてみますと，

平方和：$(1-3)^2+(2-3)^2+(3-3)^2+(4-3)^2+(5-3)^2=10$

自由度：$5-1=4$

分散：$10 / 4 = 2.5$

④ 上の①の解説のように，t 分布を用いた t 検定を実施しますと，標本平均値の差 $5-3$ を用いて検定量 t_0 を計算します。

$$t_0 = \frac{5-3}{\sqrt{\dfrac{2.5}{5}+\dfrac{2.5}{5}}} = 2.0$$

この結果が，自由度 $4+4=8$ で危険率0.05の t 分布値 t (8, 0.05) = 2.306 より小さいので，記述のとおり有意差がないものと判定します。

t 検定における検定量 t_0 は単一の対象では，分散 V，データの大きさ n，比較する値 μ，標本平均 $\bar{x}$ の場合，

$$t_0 = \frac{\bar{x} - \mu}{\sqrt{\dfrac{V}{n}}}$$

という形であり，2つの集合の平均値の差を検定する場合には（添え字でそれぞれの2つの集合を表して）次のようになります。

$$t_0 = \frac{\bar{x}_1 - \bar{x}_2}{\sqrt{\dfrac{V_1}{n_1}+\dfrac{V_2}{n_2}}}$$

要点整理　　　**大数の法則と中心極限定理について**

大数の法則
ゆがみやかたよりのない理想的なコインを投げる回数が増加するにしたがって表の出る回数が1／2に近づくなど，数多くの試行を重ねるほど事象の出現回数が理論上の値に近づくという定理

中心極限定理
母集団から無作為に n 個のサンプルを抽出することで得られる標本平均の分布は，n が大きくなるにしたがって，正規分布に近づくという定理

解答

26	27	28	29
×	○	×	○

問 **7** 解説

それぞれ順にみていきましょう。

① S_{xx} の定義は,

$$S_{xx} = \sum_{i=1}^{n} (x_i - \overline{x})^2$$

ですので, この x_i を $x_i - \overline{x}$ に変換して, $S_{xx}{}'$ になったとしますと, $\overline{\overline{x}} = \overline{x}$ ですから,

$$S_{xx}{}' = \sum_{i=1}^{n} (x_i - \overline{x} - \overline{x_i - \overline{x}})^2$$

$$= \sum_{i=1}^{n} (x_i - \overline{x} - \overline{x} + \overline{\overline{x}})^2$$

$$= \sum_{i=1}^{n} (x_i - \overline{x})^2$$

$$= S_{xx}$$

したがって, S_{xx} は変化しないことがわかります。

② S_{xy} についても同様に,

$$S_{xy} = \sum_{i=1}^{n} (x_i - \overline{x})(y_i - \overline{y})$$

という定義ですので,

$$S_{xy}{}' = \sum_{i=1}^{n} (x_i - \overline{x} - \overline{x_i - \overline{x}})(y_i - \overline{y} - \overline{y_i - \overline{y}})$$

$$= \sum_{i=1}^{n} (x_i - \overline{x} - \overline{x} + \overline{\overline{x}})(y_i - \overline{y} - \overline{y} + \overline{\overline{y}})$$

$$= \sum_{i=1}^{n} (x_i - \overline{x})(y_i - \overline{y})$$

$$= S_{xy}$$

$$\therefore \quad S_{xy}{}' = S_{xy}$$

これも変化しないことがわかります。

③ 相関係数 r_{xy} の定義は次のようになっています。

$$r_{xy} = \frac{S_{xy}}{\sqrt{S_{xx}S_{yy}}}$$

　ここで，①および②の解説により，S_{xx}，S_{xy}，そしてS_{xx} と同様に考えれば，S_{yy} もそれぞれ変化しないことがわかっていますので，r も不変となります。

④ 関数 $E(x)$ には線形という性質があります。線形とは，

$$E(ax+by+c) = aE(x)+bE(y)+c$$

という関係が成り立つ性質をいいます。ここで，$x=x_i$，$a=1$，$b=0$，$c=-\bar{x}$ と置きますと，

$$E(x_i-\bar{x}) = E(x_i)-\bar{x}$$

となって，$E(x_i-\bar{x})$ と $E(x_i)$ が等しくないことがわかります。これは与えられた変換によって変化する指標となります。

⑤ $V(x)$ も線形のように錯覚されるかもしれませんが，実は線形ではなくて，次の式となります。

$$V(ax+by+c) = a^2V(x)+V^2b(y)$$

ここで，$x=x_i$，$a=1$，$b=0$，$c=-\bar{x}$ と置きますと，

$$V(x_i-\bar{x}) = V(x_i)$$

つまり，与えられた変換に対して不変となります。

解答

30	31	32	33	34
○	○	○	×	○

| 要点整理 | 二項分布とポアソン分布について |

二項分布

$x = 0,\ 1,\ 2,\ \cdots,\ n$ のそれぞれの値が出現する確率 p_x が，

$$p_x = {}_nC_x\, p^x\, (1-p)^{n-x}$$

で与えられる分布

ポアソン分布

二項分布において，平均 np を一定にしてサンプルの大きさ n を無限大，p を 0 に近づけたときの分布

要点整理　　標準化について

標準化

　実在の問題または起こる可能性がある問題に関して，与えられた状況において最適な秩序を得ることを目的として，共通に，かつ繰り返して使用するための記述事項を確立する活動

社内標準

　個々の会社内で会社の運営，成果物などに関して定めた標準

国際規格

　国際標準化組織または国際規格組織によって採択され，公開されている規格

地域規格

　地域標準化組織または地域規格組織によって採択され，公開されている規格

国家規格

　国家標準化組織または国家規格団体によって採択され，公開されている規格

用語の意味を
しっかりおさえて
おきましょう

問 8 解説

　分散分析には一元配置分散分析（一元配置法），二元配置分散分析（二元配置法），共分散分散分析など，多くのモデルがあって条件によって使い分けられます。因子が1種類であって，その因子の水準が複数個ある場合には，一元配置分散分析が用いられます。

　二元配置法は，2つの因子を対象としてそれぞれの因子に複数個の**水準**を取り，各因子のすべての組合せ条件において実験を行います。各組合せ条件においてそれぞれ1回ずつの実験を行う場合を**繰り返しのない**二元配置法，複数回の実験を行う場合を**繰り返しのある**二元配置法といっています。

　繰り返しのない二元配置法は，2因子交互作用が誤差と交絡して，その効果が検出できません。そのため，2因子交互作用が考えられない場合や経験的に無視できる場合に用いられることになります。因子の交代作用という用語はありません。

解答

35	36	37	38	39
ウ	オ	サ	コ	ス

問 9 解説

　PDPC法はProcess Decision Program Chartの略で，問題解決や新製品開発などの初めてのプロジェクトの進行過程において，あらかじめ予想される障害などに対する対策を盛り込みながら，望ましい方向に推進する手法です。予定の作業ができない場合には，どのようにするべきかをあらかじめ検

討しておきます。

　この問題では，最初にどこから手をつけてよいのかと，迷われるかと思いますが，選択肢の文章をながめていきますと，まったく条件の付いていない記述のキが見つかります。これが空欄**40**に入るものと考えられます。その後は作業の実施条件と照らし合わせながら選択肢を選んでいきます。**41**と**42**は並びの作業のようですが，作業Ｐが完了することが主たる流れのはずですので左側がエで，右側がオと考えられます。

ＰＤＰＣ法は私，近藤次郎が開発した方法です。もう知らない人も多くなりましたが，その昔の東大闘争のときに紛争解決のための手順を検討するに当たり計画が難航することが多かったのでこうした計画法を考案しました。

解答

40	41	42	43	44	45	46
キ	エ	オ	ア	イ	ウ	カ

問 **10** 解説

① 工程などを管理するために用いられる折れ線グラフは，**管理図**です。

② 問題に関連して着目すべき要素を，碁盤の目のような行列図の縦と横に項目をつけて，項目と項目の交点において互いの関連の検討を行うための手法は，**マトリックス図法**です。

③ ２つの変量を座標軸上のグラフとして打点したものは，**散布図**になります。

④ 計量値のデータの分布を示した柱状のグラフが，**ヒストグラム**となります。

⑤ 枝分かれした図によって，着眼点をもとに問題を分類しながら主に論理的に考えていくことで，問題を解析したり解決するための案を得たりする手法は，**系統図法**になります。

解答

47	48	49	50	51
ウ	ケ	キ	ア	エ

問 **11** 解説

① 材料あるいは半製品（中間製品）を受け入れる段階において，一定の基準に基づいて受け入れの可否を判定する検査は，**受入検査**です。購入したものを受け入れるかどうか検査する場合には，購入検査とも呼ばれます。

② 工場内において，半製品あるいは中間製品をある工程から次の工程に移動してもよいかどうかを判定するために行う検査は，**工程間検査**，工程内検査または中間検査といいます。

③ 完成した品物が，製品として要求事項を満たしているかどうかを判定するために行う検査は，**最終検査**となります。製品検査あるいは完成品検査と呼ばれることもあります。

④ 製品を出荷する際に行う検査であって，輸送中に破損や劣化が生じないように梱包条件についても行う検査は，**出荷検査**です。ただし，最終検査を行ってすぐに出荷される場合には，最終検査が出荷検査を兼ねることになります。最終検査の後で，倉庫などに保管されてから出荷される時の検査は出荷検査です。

⑤ 製造部門において，自分たちの製造した製品について自主的に行う検査は，名前のとおり**自主検査**ですね。

解答

52	53	54	55	56
ウ	カ	イ	オ	キ

問 **12** 解説

ブロックが直列に接続されている場合の全体の信頼度は，それらの掛け算（積）になります。したがって，①の場合は，次のようになります。

$$0.9 \times 0.9 \times 0.9 = 0.9^3 = 0.729$$

　また，ブロックが並列に接続されている場合には，不信頼度の積が全体の不信頼度になりますので，④は次のようになります。

全体の不信頼度$= (1-0.9)^3$

全体の信頼度$= 1-(1-0.9)^3 = 0.999$

　②③は，これらの組み合わせですが，②と③は前後が入れ替わっているだけですので，結果は同じ数値になるはずですね。

並列部分$= 1-(1-0.9)^2 = 0.99$

　これと直列にひとつのブロックが接続されていますので，

全体の信頼度$= 0.99 \times 0.9 = 0.891$

解答

57	58	59	60
ケ	サ	サ	シ

問 **13** 解説

① 記述のとおりです。「管理図のための係数表」の中の δ_2 は，$\overline{R}$ の推定値が $\delta_2 s$（s はデータの標準偏差）であることを示す係数です。

② かたより度を考慮した工程能力指数 C_{pk} が通常の工程能力指数 C_p に一致するのはかたより度 k が1でなくて0の場合です。平均値 $\overline{X}$ が規格の中心と大きく離れている（ずれている）場合には，修正された工程能力指数 C_{pk} を用いることがあり，その場合，次式の**かたより度 k** を用いて求めます。

$$k = \frac{\left|(S_{\mathrm{U}}+S_{\mathrm{L}})-2\overline{X}\right|}{S_{\mathrm{U}}-S_{\mathrm{L}}}$$

$$C_{pk} = (1-k)\frac{S_{\mathrm{U}}-S_{\mathrm{L}}}{6s}$$

　$k=1$ の場合には，$C_{pk}=0$ になってしまいます。$k=0$ の時，通常の C_p の定義に一致します。

③ $\overline{X} = \dfrac{S_{\mathrm{U}}+S_{\mathrm{L}}}{2}$ の式が成り立つときは，次の式からもわかりますように，$k=1$ ではなくて，$k=0$ となります。

$$k = \frac{|(S_U + S_L) - 2\overline{X}|}{S_U - S_L}$$

④ 記述のとおりです。片側規格のみが存在するケースでは，その限界規格値と平均値の差を標準偏差の3倍で割ることによって，工程能力指数が求められます。

⑤ 記述のとおりです。かたよっている場合というのは，平均値が両方の規格限界との差が等しいことはないはずですので，近いほうの規格限界が用いられます。そして，（片側規格の場合と似ていますが）その差を標準偏差の3倍で割ることになります。

解答

61	62	63	64	65
○	×	×	○	○

問 14 解説

① 時刻 t における故障確率を故障密度関数と呼んで $f(t)$ と書きます。時刻 a と b の間の全体に対する故障率は，区間 $[a, b]$ 間で積分して次のように書かれます。

$$\int_a^b f(t)\,dt$$

ここで，区間 $[a, b]$ というかっこの使い方は，区間の両端を含む場合を意味しています。区間の両端を含まない場合の表記は (a, b) という書き方になっています。

② 時刻 t までの累積故障率 $F(t)$ は，不信頼度と呼ばれます。具体的には次のように表されます。

$$F(t) = \int_0^t f(t)\,dt$$

③ 逆数とは2つのものを掛け算して1になるという関係です。しかし，信頼度関数と不信頼度関数は，足し算して1になるという関係ですので，逆数ではありません。

信頼度関数を $R(t)$，不信頼度関数を $F(t)$ と書きますと，次のような関係になります。

$$R(t) + F(t) = 1$$

　信頼度関数は時刻 t まで故障しなかった累積確率となります。

④ 記述は誤りです。$F(t) = \int_0^t f(t)\,dt$ ということは，$f(t) = \dfrac{dF(t)}{dt}$ ということです。ところが，$R(t) + F(t) = 1$ ですので，正しくは次のようになります。

$$f(t) = -\frac{dR(t)}{dt}$$

⑤ 記述のとおりです。故障率関数 $\lambda(t)$ は次式のとおり，故障密度関数 $f(t)$ と信頼度関数 $R(t)$ の比で定義されます。故障率関数は，ハザード関数ともいいます。

$$\lambda(t) = \frac{f(t)}{R(t)}$$

解答

66	67	68	69	70
○	○	×	×	○

問 **15** 解説

① 記述のとおりです。メディアン−R 管理図は，$\overline{X}-R$ 管理図の中の $\overline{X}$ 管理図の代わりにメディアン管理図（Me 管理図）を書くもので，毎回の平均値である $\overline{X}$ を計算しなくても，メディアン（中央値）を探せばよいという特徴があります。

② 記述のとおりです。$\overline{X}-R$ 管理図においては，$\overline{X}$ 管理図に中心線と上方および下方限界線が，必ず引かれます。

③ R 管理図の側に中心線は引かれることも引かれないこともありますが，必ず引かれる限界線は上方限界線だけです。下方限界線はデータ数が少ない時（データ数が 6 以下の場合）には引かれません。そのような場合には「ばらつきの下限」は管理する必要がないということです。

④ $\overline{X}-R$ 管理図は計数値ではなくて計量値の管理に用いられます。これとは別に p 管理図，np 管理図，u 管理図，c 管理図などは，計数値の管理に用いられる管理図となっています。

⑤ 記述のとおりです。X−移動範囲管理図は，データが１日に１個しかない場合や，ロットから１個のデータしか取れないような場合に用いられる管理図であって，単純な R のデータが取れません。そこで，前回のデータの差を移動範囲（R あるいは Rs）と呼んで，これが用いられます。X−移動範囲管理図は，X−R 管理図あるいは X−Rs 管理図などともいわれます。

解答

71	72	73	74	75
○	○	×	×	○

問 **16** 解説

　品質保証は，アルファベットの頭文字をとって **QA** と略される。これは文字どおり品質を保証することであり，品質保証には次のような側面がある。

① 客は店舗等において，基本的に**生産者（製造者）**を信用して商品を買うものであるので，生産者は本来顧客に対して品質を保証すべきものである。この意味からこの種の商品は**市場型商品**という形で分類される。

② 特定顧客にあっては，**生産者（製造者）**と顧客との話し合い（契約）で取引されるものがあるが，**生産者（製造者）**にはその契約を守る義務がある。この種の商品は**契約型商品**といわれる。

③ JIS に認定されている**生産者（製造者）**には，JIS が品質の保証を求めている。

④ 本来的に品質保証は，企業の**社会的責任**を果たすための基本条件である。

解答

76	77	78	79	80
ア	キ	ス	ソ	サ

平方和および偏差積和の公式は，以下のようになっています。

$$S_{xx} = \sum_{i=1}^{n} x_i^2 - \frac{\left(\sum_{i=1}^{n} x_i\right)^2}{n} \qquad S_{yy} = \sum_{i=1}^{n} y_i^2 - \frac{\left(\sum_{i=1}^{n} y_i\right)^2}{n}$$

$$S_{xy} = \sum_{i=1}^{n} x_i y_i - \frac{\sum_{i=1}^{n} x_i \sum_{i=1}^{n} y_i}{n}$$

これらの公式を使って，午前および午後の数値を当てはめてみます。

① 午前

$$S_{xx} = 5599.72 - \frac{409.1^2}{30} = 20.96$$

$$S_{yy} = 2993.99 - \frac{298.7^2}{30} = 19.93$$

$$S_{xy} = 4092.07 - \frac{409.1 \times 298.7}{30} = 18.80$$

$$r_{xy} = \frac{18.80}{\sqrt{20.96 \times 19.93}} = 0.92$$

② 午後

$$S_{xx} = 5537.29 - \frac{406.9^2}{30} = 18.37$$

$$S_{yy} = 2805.71 - \frac{289.8^2}{30} = 6.242$$

$$S_{xy} = 3937.62 - \frac{406.9 \times 289.8}{30} = 6.966$$

$$r_{xy} = \frac{6.966}{\sqrt{18.37 \times 6.242}} = 0.65$$

③ ここまでの結果，午前は相関係数が0.92と高く，午後はそれが0.65と低くなっています。これだけでは，その理由はわかりませんが，午後のほうに何かの外乱などが発生して，相関を低下させていることが考えられます。

解答

81	82	83
ク	オ	ケ

第2回模擬テスト

問 1 解説

[_____]に正しい語句を入れて完成させた文章を，次に示します。

　問題とは，**あるべき**姿（あってしかるべき姿）や**あるべき**目標値（あって
しかるべき目標値）と現状の状態との**差**のことをいい，既に発生している不
具合等の問題のことである。

　また，課題とは，**ありたい**姿（望ましい姿）や**ありたい**目標値（望ましい
目標値）と現状の状態との**差**のことである（「あるべき」と「ありたい」と
いう表現の違いをよく考えておいていただきたいと思います）。

　ここでいう「**差**」をギャップということもある。問題と課題は，いずれも
現状との差ということで共通点はあるが，問題には一般に**原因**があり，課題
にはたいてい**障壁**がある。

解答

1	2	3	4	5
オ	カ	エ	イ	ウ

問 2 解説

　日常管理には，次の4つのステップがあり，**管理のサイクル**（頭文字をと
って，**PDCA**と略されます）と呼ばれます。以前は，**PDS**（plan-do-
see）といわれていました。実際には，P→D→C→A→P→D→C→A→…と繰
り返すことになります。

計画（プラン，P，plan）	目的を決めて，達成に必要な計画を設定します。
実施（ドゥー，D，do）	計画に従って実行します。
確認（チェック，C，check）	実行した結果を確認して評価します。
処置（アクト，A，act）	確認して評価した結果に基づいて適切な処置をします。

[_____]に正しいものを入れて完成させた図を次に示します。

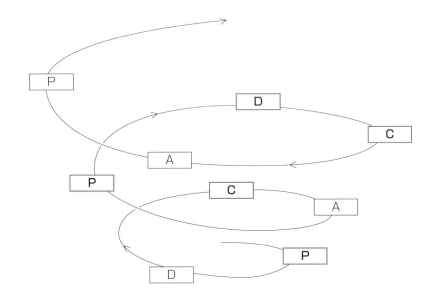

解答

6	7	8	9	10
エ	ウ	ウ	カ	カ

問3 解説

表　各階層の標準化規格

規格	規格の内容（例）
国際規格	ISO 規格，IEC 規格*
地域規格	複数の国家間における規格等（EU など）
国家規格	JIS（日本産業規格），JAS（日本農林規格），BS（英国の規格），ANSI（米国の規格），DIN（ドイツの規格），GB（中国の規格）等
業界規格（団体規格）	各種の業界規格，団体規格等
企業内規格	個別の社内基準等

＊IEC：国際電気標準会議（International Electrotechnical Commission）の略で，電気・電子分野の国際規格を策定する組織。電気・電子分野以外は ISO が担当。

標準化とは，「標準を設定し，これを活用する組織的行為」と定義されて

います。標準化されているものも、世の中には非常に多く、用紙のサイズなどの例を見るまでもなく、工業的製品の多くが標準化されています。昨今のようなグローバル化の時代には特に必要になっているといえるでしょう。標準や規格を作成して使用していく活動を**標準化活動**と呼んでいます。世界的レベルから企業内レベルまで多くの階層があります。表を参照してください。ここでいう地域規格とは、世界における地域であって、国家レベルより上になります。

解答

11	12	13	14	15
オ	ウ	エ	イ	ア

問4 解説

　データの扱いに関する問題となっています。集合 $\{x_i\}$ $(i = 1 \sim n)$ という表現は、x_1, x_2, $\cdots$, x_i, $\cdots$, x_n というデータの集まりを表す記号です。それぞれのデータと試料平均の差の2乗和は**平方和**といいます。正確には残差平方和になりますが、偏差平方和と呼ばれることもあります。

　平方和を**自由度**で割ったものが分散ですが、自由度が $n - 1$ であるとき**不偏分散**とも呼ばれます。不偏分散の正の平方根は**標準偏差**で、標準偏差を試料平均で割ったものが**変動係数**です。

解答

16	17	18	19	20
イ	ウ	ケ	シ	サ

問5 解説

① **かたより**とは、測定値の母平均から真の値を引いた値のことです。
② **ばらつき**とは、測定値の大きさがそろっていないこと、または測定値の大きさが不ぞろいであることを意味します。かたよりとばらつきの2つの概念は統計において、とても基本的で重要な概念です。

③ **誤差**とは，測定値から真の値を引いた値のことです。

④ **偏差**とは，測定値から母平均を引いた値です。

⑤ **残差**とは，測定値から試料平均を引いた値になります。

　残差，偏差，誤差は言葉として非常に似ていますので，それらの違いをよく確認しておいてください。

解答

21	22	23	24	25
オ	エ	イ	ウ	ア

問**6** 解説

① 第何位などというマラソン大会の順位は，1位から順番に数えられる数字なので計数値のように思え，若干むずかしいところですが，順位データ，すなわち順序の付いた言語データという扱いです。

② 計数値が加工されて平均値や標準偏差になってもとが整数値であったものが整数値でなくなっても，もとが計数値であれば加工されたものも計数値とみなされます。

③ たしかに出席率は一般に整数になりませんが，そのもとのデータは出席者数という計数値ですので，そのデータを加工して得られる出席率も計数値として扱われます。

④ ちょうど3杯という整数値であっても，正しくは3.0杯ということで，本来液体の量は計量値になります。

⑤ 0.5人とカウントしても，カウントということ自体は計数作業に当たります。計数値となります。

解答

26	27	28	29	30
×	○	×	×	×

問**7** 解説

① **ヒストグラム**は，計量値のデータの分布を示した柱状のグラフです。
② **特性要因図**とは，要因が結果に関係し影響している様子を矢線の入った系統図にしたもののことです。
③ **管理図**とは，工程などを管理するために用いられる折れ線グラフをいいます。
④ **パレート図**とは，発生頻度を整理して，頻度の順に棒グラフにし，累積度数を折れ線グラフで付加したものをいいます。
⑤ **散布図**は，2つの変量を座標軸上のグラフとして打点したものです。

解答

31	32	33	34	35
エ	イ	カ	ア	オ

問**8** 解説

　グラフを書く作業を考えれば，手順はだいだいおわかりになると思います。完成させた文章を次に示します。

手順1　対になったデータを集め，それらをそれぞれ x および y とする。
手順2　データ x および y について，それぞれの最大値および最小値を求める。
手順3　横軸と縦軸を設定し，最大値と最小値の差（範囲）が x および y においてほぼ等しい長さになるように目盛りを入れる。
手順4　データをグラフ上に打点する。
手順5　必要事項（目的，製品名，工程名，データ数，作成者，作成年月日等）を記入する。

解答

36	37	38	39
ウ	ア	エ	イ

日常管理

組織の各部門において，日常的に実施しなければならない分掌業務について，その業務目的を効率的に達成するために必要なすべての活動

変更管理

製品の仕様，型式や設備，工程・材料・部品などに関する変更を行う場合に，開発・設計・製造・販売・サービスなどの段階で，変更に基づくトラブルを未然に防止するために，変更に伴う影響を評価し，問題があれば事前に処置をとること

変化点管理

4 M に変化が起こった場合，維持管理状態が確実に復元できているかどうかを確認し，変化が起こったことによる問題の発生を未然に防止する管理

小集団活動

共通の目的および異なった知識・技能・考え方をもつ少人数からなるチームを構成し，維持向上・改善・革新を行う中で，参加する人の意欲を高めるとともに，組織の目的達成に貢献する活動

初期故障期間

アイテムの運用初期において，与えられた時点での修理系アイテムの瞬間故障強度，または非修理系アイテムの瞬間故障率が後に続く期間の値よりも著しく高い期間

偶発故障期間

修理系アイテムの運用期間中，故障強度がほぼ一定である期間，または非修理系アイテムの運用期間中，故障率がほぼ一定である期間

摩耗故障期間

アイテムの運用後期で，修理系アイテムの瞬間故障強度，または非修理系アイテムの瞬間故障率が，直前の期間の値よりも著しく高い期間

ボトルネック技術（BNE）

製品を開発・改善する上で，解決しておかなければならない，決め手となる技術

OJT

職場内教育訓練

OFF-JT

職場外教育訓練

マーケット・イン

顧客・社会のニーズを把握し，これらを満たす製品・サービスを提供していくことを優先するという考え方

プロダクトアウト

提供側の保有技術や都合を優先して製品・サービスを提供しようとする考え方

① 記述のとおりです。正規分布はガウス分布とも呼ばれ，記号では $N(\mu, \sigma^2)$ と書かれますが，μ が平均，σ^2 が分散を表します。

② 記述のとおりです。正規分布の中にあって，特に $N(0, 1^2)$ を標準正規分布と呼びます。これが数表にもなっていて，もっともよく用いられます。

　確率変数 x が正規分布 $N(\mu, \sigma^2)$ に従うことを，次のように書くこともあります。

　$x \sim N(\mu, \sigma^2)$

　これによりますと，上記の u は，次のように書けます。

　$u \sim N(0, 1^2)$

　さて，$u = \dfrac{x-\mu}{\sigma}$ の式が $N(\mu, \sigma^2)$ から $N(0, 1^2)$ への変換の式になっているかどうかを確認してみます。$E(x)$ および $V(x)$ の性質を使って，次のような計算をすれば確認できます。

$$E(u) = E\left(\frac{x-\mu}{\sigma}\right) = \frac{1}{\sigma}E(x) - \frac{\mu}{\sigma} = 0$$

$$V(u) = V\left(\frac{x-\mu}{\sigma}\right) = \frac{1}{\sigma^2}V(x) = \frac{\sigma^2}{\sigma^2} = 1$$

　これによって，上記の式で変換された u が $N(0, 1^2)$ に従うことがわかります。

③ 記述のとおりです。多くの個別の影響が互いに打ち消されるような場合や，データ数がきわめて多くなるような場合には，統計分布は一般に正規分布に近いものとなります。

④ 記述は誤りです。正規分布では，$\mu \pm \sigma$ の範囲に**約68%**（くわしくは68.26%），$\mu \pm 2\sigma$ の間に**約95%**（くわしくは95.44%），$\mu \pm 3\sigma$ の間に約**99.7%**のデータが含まれます。この3つの数値は記憶しておいてください。とても重要です。

⑤ 記載された変換式の中に a が含まれていないことは不自然ですね。与えられている式は誤っています。正しくは次のようになります。

$$z = \frac{b}{\sigma}(x-\mu) + a$$

　この変換式によって $N(\mu, \sigma^2)$ が $N(a, b^2)$ に変換されるかどうかを②の場合と同様に確認してみます。

$$E(z) = E\left(\frac{b}{\sigma}(x-\mu) + a\right) = \frac{b}{\sigma}E(x) - \frac{b\mu}{\sigma} + a = \frac{b}{\sigma}\mu - \frac{b\mu}{\sigma} + a = a$$

$$V(z) = V\left(\frac{b}{\sigma}(x-\mu) + a\right) = \frac{b^2}{\sigma^2}V(x) = \frac{b^2}{\sigma^2} \cdot \sigma^2 = b^2$$

解答

40	41	42	43	44
◯	◯	◯	×	×

2つの解法を示します。どちらを採用されてもかまいません。

解法1　偏微分法による解法

最小2乗法を実施します。$y = a + bx$ とするとき，偏差の2乗和 S は次のようになります。

$$S = \{2 - (a + b)\}^2 + \{5 - (a + 2b)\}^2 + \{7 - (a + 3b)\}^2$$
$$= 3a^2 + 14b^2 + 12ab - 28a - 66b - 78$$

これを，a および b でそれぞれ偏微分して0と置きますと，

$$\frac{\partial S}{\partial a} = 6a + 12b - 28 = 0$$

$$\frac{\partial S}{\partial b} = 12a + 28b - 66 = 0$$

これを a および b の二元連立方程式として解きますと，次のようになります。

$$a = -\frac{1}{3}$$

$$b = \frac{5}{2}$$

解法2　最小2乗法の結果の利用

x および y の平方和をそれぞれ S_{xx} および S_{yy} と書き，またこれらの偏差積和を S_{xy} と書く時，最小2乗法から求めた直線の勾配 b が次式で求まることを利用します。

$$b = \frac{S_{xy}}{S_{xx}}$$

まず，それぞれの平均値から，順次求めていきますと，

$$\bar{x} = \frac{1 + 2 + 3}{3} = 2$$

$$\bar{y} = \frac{2 + 5 + 7}{3} = \frac{14}{3}$$

また，

$$S_{xx} = (1 - 2)^2 + (2 - 2)^2 + (3 - 2)^2 = 2$$
$$S_{xy} = (1 - 2) \times 2 + (2 - 2) \times 5 + (3 - 2) \times 7 = 5$$

ここで，S_{xy} の計算の際に，次式を利用しています。

$$\sum_{i=1}^{n}(x_i-\overline{x})(y_i-\overline{y})=\sum_{i=1}^{n}(x_i-\overline{x})y_i=\sum_{i=1}^{n}x_i(y_i-\overline{y})$$

これらにより，回帰係数 b は，

$$b=\frac{S_{xy}}{S_{xx}}=\frac{5}{2}$$

これらを，

$$y-\overline{y}=b\,(x-\overline{x})$$

に代入して整理しますと，次のようになります。

$$y=-\frac{1}{3}+\frac{5}{2}x$$

解答

45	46
エ	ケ

問 **11** 解説

① この図では，A因子を変化させますと，実験値が大きく変化しているのに対し，B因子を変化させてもあまり変わっていないことがわかります。A因子の効果は大きく，B因子の効果は小さいとみられます。また，2つのグラフの平行性もほぼ保たれていて，交互作用が小さいこともわかります。イが選ばれます。

② この図において，B因子が変化した場合の右上がりの傾向が強いことでB因子の効果が高いことがわかります。これに対し，A因子の A_1 と A_2 の間であまり結果に差がなくA因子の効果は弱いとみられます。また，2つの線が交差していて，交互作用は一定程度みられると判断されます。アが選ばれます。

③ A因子の効果もB因子の効果もともに大きいとみられますが，2つの線の交差はみられませんので交互作用はないと判断できます。オですね。

④ A因子の効果もB因子の効果もともに小さい様子で，2つの線が交差していて，交互作用はあると考えられます。エが該当するとみられます。

⑤ A因子を変化させますと，実験値が大きく変化しているのに対し，B因子を変化させてもあまり変わっていないとみられますので，A因子の効果が大きく，B因子の効果は小さいと考えられます。A因子とB因子の変化傾向に跛行性（そろって同じ方向にいかないちぐはぐな傾向）がみられますので，交互作用はあるとみてよいと考えられます。ウが該当するでしょう。

解答

47	48	49	50	51
イ	ア	オ	エ	ウ

問 **12** 解説

① 記述のとおりです。アロー・ダイヤグラムはPERT図ともいわれます。

② 記述のとおりです。破線で表示される作業は，ダミー作業です。

③ 作業Jの先行作業は作業Hのみではなくダミー作業Iを介して作業Cも先行作業となります（作業Hと作業Iが先行作業とも考えられます）。

148

④ 記述のとおりです。作業 L の先行作業は，作業 E と作業 K ですね。

⑤ このプロジェクトは，F→G→H→J→K→L の作業は12日に見えますが，作業 J は作業 H とダミー作業 I を介した作業 C が先行作業と考えられますので，A→B→C→I→J→K→L の作業がどうしても14日を要します。そのため最短というと14日になります。この A→B→C→I→J→K→L のように時間的に余裕のない道（パス），すなわち全体の日程を規定してしまうパスをクリティカルパスと呼んでいます。

解答

52	53	54	55	56
○	○	×	○	×

問 13 解説

① 記述のとおりです。

$$\lambda(t) = \frac{f(t)}{R(t)} = -\frac{1}{R(t)}\frac{dR(t)}{dt}$$

となりますので，これを積分しますと，次のようになります。

$$\lambda(t)\,dt = -\frac{1}{R(t)}dR(t)$$

積分して $\int_0^t \lambda(t)\,dt = -\ln R(t)$ となり，これを $R(t)$ について整理して，

$$R(t) = \exp\left\{-\int_0^t \lambda(t)\,dt\right\}$$

この式で，$\lambda(t) = \lambda$（定数）としますと，$R(t) = \exp(-\lambda t)$ となります。

② 記述のとおりです。指数分布における信頼度関数 $R(t)$ は $e^{-\lambda t} = \exp(-\lambda t)$ の形です。

③ 指数分布における不信頼度関数 $F(t)$ は次のようになります。

$$F(t) = 1 - R(t) = 1 - \exp(-\lambda t)$$

④ 記述は誤りです。正しくは次のようになります。

$$f(t) = \frac{dF(t)}{dt} = \frac{d}{dt}\{1 - \exp(-\lambda t)\} = \lambda\exp(-\lambda t)$$

149

解答

57	58	59	60
○	○	×	×

問 **14** 解説

　工程能力指数 C_p は次のように定義されます。ここで，上限と下限のある両側規格において，その上限が S_U，下限が S_L です。また，s はデータの標準偏差です。

$$C_p = \frac{S_U - S_L}{6s}$$

　工程能力指数の値によって，次の図のような判定がなされます。それらの違いをよくつかんでおいてください。工程能力が十分すぎるという場合は，「良すぎる」ということなので，規格限界を見直すことができるかもしれませんし，「良すぎる」ことが費用を掛けて実現しているようであれば，そのコストを削減できる可能性などがあるかもしれません。

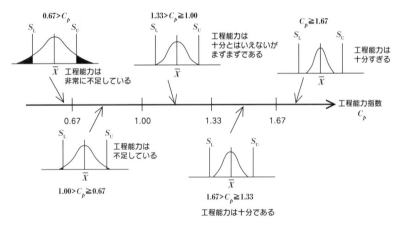

図　工程能力指数と特性値分布図

解答

61	62	63	64	65
イ	ウ	エ	オ	ア

問 15 解説

　計量値に関する管理図の体系についての出題です。全体像として把握しておいてください。正しい語句を入れて完成させた系統樹を示します。これらの中でもっともよく用いられるものは，$\overline{X}-R$ 管理図です。$X-$移動範囲管理図は，$X-R$ 管理図あるいは $X-Rs$ 管理図とも呼ばれ，また，メディアン$-R$ 管理図は $Me-R$ 管理図とも書かれます。

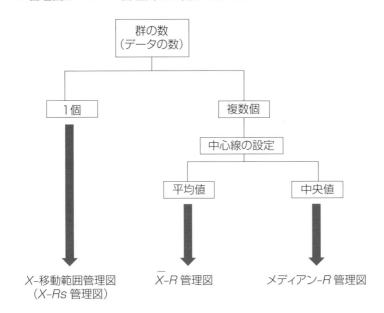

解答

66	67	68	69	70
ア	エ	カ	キ	サ

問 **16** 解説

① **フェールセーフ**とは，機器やシステムに，万が一トラブルが起きても，被害の拡大が起こらず，危険側に至らず，安全側の状態になるように設計する技術思想をいいます。

② **フールプルーフ**とは，ちょっとした気の緩みなどから起こりやすい過失を防止する工夫，あるいはその過失によって引き起こされる不具合を低減する工夫のことです。「ばかよけ」あるいは「ポカよけ」ともいいます。

③ **アベイラビリティ**とは，機器やシステムの有用性，あるいは壊れにくさをいうもので，通常は MTBF（平均故障間動作時間）と MTTR（平均修復時間）から次式で定義されます。

$$アベイラビリティ = \frac{MTBF}{MTTR + MTBF}$$

④ **予防保全**とは，機器やシステムの故障やトラブルに先立って，それらの起こりそうな点をあらかじめ対策して，故障に至らないようにする保全をいう用語です。

⑤ **事後保全**とは，機器やシステムに起きた故障に対応して復旧する保全をいいます。

解答

71	72	73	74	75
オ	ア	エ	ウ	イ

MEMO

第3回模擬テスト

問 **1** 解説

　顧客という概念は近年では広くとらえられていて，直接に品物を購入する立場の顧客に加えて，工場の中でも「後工程は前工程のお客様」，また，経理や労務などの事務部門やサービス部門などにとっても担当する部署を「お客様」ととらえることで業務改善を図ることが多くなっています。

　さらに，従来型の**プロダクトアウト**（製品を作る側の都合を優先する立場）よりも，**マーケットイン**（市場，すなわち製品を消費する側のニーズを優先する立場）が重要視されてきています。つまり最終的な品質管理の目標は，基本的に顧客の満足を得ることであるという考え方が，より徹底されてきています。

　　　　　　に正しい語句を入れて完成させた文章を，次に示します。

　日本において高度経済成長が達成される以前のように，**物資**が不足していた時代には，工場で**生産**すればするだけ**製品**が売れるというのが一般的であった。

　しかし，今日では**物資**は豊富になり，売れる**製品**を**生産**しなければ企業は成り立たない時代になっている。**消費者**や使用者の要求する品質を的確に把握し，これを満たす**製品**でなくては買ってもらえない時代である。

　このことは，従来型の立場である**生産者**の事情を優先したプロダクトアウトという考え方ではなく，**消費者**志向のマーケットインという考え方を重視した活動が重要であることを意味している。

解答

1	2	3	4	5
イ	オ	ウ	キ	カ

問 **2** 解説

　設計品質とは，ねらった品質，あるいはねらいの品質ともいわれ，品質特性に対する品質目標のことである。**設計品質**を定めるために，顧客の**要求品**

質を設計品質に変換することが重要である。この部分については，**製品設計部門**が責任をになうものとされる。

　一方，**製造品質**とは，できばえ品質，合致品質あるいは適合品質などともいわれ，**設計品質**をねらって製造した製品の実際の品質のことである。**製造部門**が責任を負うものとされる。

解答

6	7	8	9	10
カ	エ	ア	オ	イ

問 **3** 解説

　数値データが得られた場合の統計的扱いに関する問題です。

　まず，データの大きさとは，データの総数のことですので，ここでは n になります。また，範囲とは，データの中の最大値から最小値を引いたものですので，$x_{\max} - x_{\min}$ となります。残差と偏差はまぎらわしいかと思いますが，次のようになっています。

　　　偏差 ＝ データ － 母平均
　　　残差 ＝ データ － 試料平均

　次に，平方和とは2乗して足し算することをいいますので，偏差平方和は偏差を2乗して和をとるべきですが，一般に母平均は求まっていないことが多いので，残差平方和で代用します。したがって，次のようになります。

$$\sum_{i=1}^{n} (x_i - x_{\mathrm{mean}})^2$$

　これを自由度で割ったものが分散です。自由度は通常 $n-1$ が用いられますので，次式となります。この分散は不偏分散ともいわれます。

$$V = \frac{S}{n-1}$$

　そして，標準偏差は分散の平方根 $\sqrt{V}$ として求められます。最後に，変動係数 CV とは，標準偏差を平均値で割ったものですので，次のようになります。変動係数は，これを100倍して%表示することもあります。

$$CV = \frac{\sigma}{x_{\mathrm{mean}}}$$

11	12	13	14	15	16	17	18
イ	オ	ク	シ	ス	チ	ナ	ハ

問 4 解説

　まず，真の値と誤差の分だけ差のあるものは「測定値」そのもののはずですね。また，分布を示す正規分布状の山型分布は問題にいう「測定値の母集団の分布」になるはずです。

　その中心の位置は「測定値の母平均」です。これ（測定値の母平均）と測定値との差は「偏差」ということになります。測定値との差が「残差」であるものは「測定値の平均（試料平均）」となります。一方，測定値の母平均と山型分布との差は「ばらつき」（分布そのもの）であり，測定値の母平均と真の値との差は「測定のかたより」であるはずです。

　 に正しいものを入れて完成させた図を次に示します。

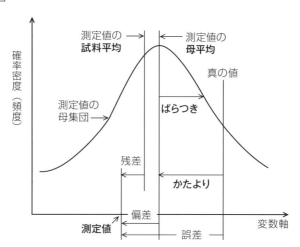

19	20	21	22	23
オ	キ	ア	イ	ケ

問 **5** 解説

① **系統図法**とは，枝分かれした図によって，着眼点をもとに問題を分類しながら主に論理的に考えていくことで，問題を解析したり解決するための案を得たりする手法をいいます。

② **連関図法**は，特性要因図に似ていますが，単にグルーピングして整理するだけでなく，原因と結果のメカニズムや因果関係を矢線で結んでまとめていく図を用いるものです。

③ **PERT 図法**は，プロジェクトなどを達成するために必要な作業の順序関係や相互関係を矢線で表すことによって，最適な日程計画を立てたり効率よく進度を管理したりするための手法です。

④ **親和図法**とは，多くの言語データがあってまとまりをつけにくい場合に用いられ，意味内容が似ていることを「親和性が高い」と呼び，そのようなものどうしを集めながら全体を整理していく方法です。

⑤ **マトリックス図法**は，問題に関連して着目すべき要素を，碁盤の目のような行列図の縦と横に項目をつけて，項目と項目の交点において互いの関連の検討を行うための手法をいいます。

解答

24	25	26	27	28
キ	ク	ア	オ	イ

問 **6** 解説

確率密度関数は次のような性質を持たなければなりません。すなわち，確率全体を積算すると１であるということです。

$$\int_{-\infty}^{+\infty} f(x)\,dx = 1$$

この三角形の分布の場合，$0 \leqq x < a$ において正比例の関数になっていますので，$f(x) = ax$ と置いて，上の積分式に代入してみますと，

$$\int_{-\infty}^{+\infty} f(x)\,dx = \int_0^a ax\,dx$$

$$= \alpha \left[\frac{x^2}{2} \right]_0^a$$

$$= \frac{\alpha a^2}{2}$$

（ここで，$[\quad]_a^b$ は $[f(x)]_a^b = f(b) - f(a)$ を意味します）

このようになりますので，これが1になるために，αは次のようにならなければなりません。

$$\alpha = \frac{2}{a^2}$$

また，確率密度関数 $f(x)$ がわかっている場合の x の平均値 $\overline{x}$ は，次の式で求められます。

$$\overline{x} = \int_{-\infty}^{+\infty} x f(x)\, dx$$

さらに，分散 σ^2 は次式で求まります。

$$\sigma^2 = \int_{-\infty}^{+\infty} (x - \overline{x})^2 f(x)\, dx$$

本問に対してこれらの式を適用してみますと，まず，平均値 $\overline{x}$ は，

$$\overline{x} = \int_{-\infty}^{+\infty} x f(x)\, dx$$

$$= \int_0^a x \cdot \frac{2x}{a^2}\, dx = \frac{2}{a^2} \left[\frac{x^3}{3} \right]_0^a = \frac{2}{3} a$$

次に，分散 σ^2 は，

$$\sigma^2 = \int_{-\infty}^{+\infty} (x - \overline{x})^2 f(x)\, dx$$

$$= \int_0^a \left(x - \frac{2}{3} a \right)^2 \cdot \frac{2}{a^2} x\, dx$$

$$= \frac{2}{a^2} \int_0^a \left(x^2 - \frac{4}{3} ax + \frac{4}{9} a^2 \right) x\, dx$$

$$= \frac{2}{a^2} \left[\frac{1}{4} x^4 - \frac{4}{9} ax^3 + \frac{2}{9} a^2 x^2 \right]_0^a$$

$$= \frac{2}{a^2} \left(\frac{1}{4} - \frac{4}{9} + \frac{2}{9} \right) a^4 = \frac{1}{18} a^2$$

よって，標準偏差は，最終的に分母を有理化（分母にルートがないように）して，次のようになります。

$$\sigma = \frac{1}{\sqrt{18}}a = \frac{a}{3\sqrt{2}} = \frac{\sqrt{2}a}{6}$$

解答

29	30	31
ク	イ	カ

問 **7** 解説

　母平均の平均値の範囲を推定する問題です。標準偏差 σ が既知の場合と未知の場合がありますが，本問は後者ですね。一応，ここではその両方を解説します。

●母集団の標準偏差 σ が既知の場合（u 検定）

　正規分布に従うことがわかっているある母集団で，標準偏差 σ がわかっていて平均 μ が不明である時，危険率 α で μ を推定するには次のようにします。

　母集団の分布が $N(\mu, \sigma^2)$ に従うとしますと，この母集団から n 個の標本をとってその平均を $\bar{x}$ としますと，$\bar{x}$ は $N(\mu, \sigma^2/n)$ の正規分布に従います。したがって，

$$z = \frac{\bar{x} - \mu}{\frac{\sigma}{\sqrt{n}}}$$

という式によって $\bar{x}$ を変換した z は，標準正規分布 $N(0, 1^2)$ に従います。標準正規分布の表を用いますと，平均 0 を中心とする $1 - \alpha$ の範囲（両側確率）は，次のようになります。これに外れる範囲が α の危険率となります。

$$-u(\alpha) < z < u(\alpha)$$

z を $\bar{x}$ に戻しますと，

$$\bar{x} - u(\alpha)\frac{\sigma}{\sqrt{n}} < \mu < \bar{x} + u(\alpha)\frac{\sigma}{\sqrt{n}}$$

という区間に μ が入る危険率が α であるということになります。

●母集団の標準偏差 σ が未知の場合（t 検定）

　σ^2 が未知のことも多いので，その場合は t 分布によって推定を行います。

　標本の不偏標準偏差　$s = \sqrt{\frac{1}{n-1}\sum_{i=1}^{n}(x_i - \bar{x})^2}$

を用いて，

$$t = \frac{\bar{x} - \mu}{\frac{s}{\sqrt{n}}}$$

を作れば，この t は自由度 $n-1$ の t 分布に従います。したがって，σ^2 既知の場合の標準正規分布を t 分布に換えて同じ方法で推定が可能です。つまり，危険率 α の場合の平均値 μ の信頼区間は，次のようになります。

$$\bar{x} - t\,(n-1,\ \alpha)\,\frac{s}{\sqrt{n}} < \mu < \bar{x} + t\,(n-1,\ \alpha)\,\frac{s}{\sqrt{n}}$$

　本問ではサンプル平均が x_m となっていますので，この式の $\bar{x}$ の代わりに x_m が入ります。

解答

32	33	34
ア	キ	エ

要点整理

魅力的品質
　それが充足されれば満足を与えるが，不充足であっても仕方がないと受けとられる品質要素

一元的品質
　それが充足されれば満足，不充足であれば不満を引き起こす品質要素

当たり前品質
　それが充足されれば当たり前と受けとられるが，不充足であれば不満を引き起こす品質要素

無関心品質
　充足でも不充足でも，満足も与えず不満も引き起こさない品質要素

逆品質

充足されているのに不満を引き起こしたり，不充足であるのに満足を
与えたりする品質要素である

方針管理

経営基本方針に基づき，中・長期経営計画や短期経営方針を定め，そ
れらを効果的かつ効率的に達成するため，企業組織全体の協力のもと
に行われる活動

PDCA

効果的に効率よく目的を達成するための活動を，計画（plan），実施
（do），確認（check），処置（act）の反復から構成する経営管理の基
本的方法

SDCA

技術や作業方法が確立している場合に，計画（plan）に代えて，その
方法を標準（standard）として与え，その標準どおり仕事を実施し，
その結果を確認し，これに基づいて必要な処置をとる管理のサイクル

用語の意味を
しっかりおさえて
おきましょう

問 **8** 解説

　一見，すこしむずかしい問題だと思われるかもしれませんが，よくみてい
きますと，それほどでもないことがわかると思います。添え字の数と形に着
目していただければかなり違いがわかると思います。それぞれの□□□□に
正しいものを入れて完成させた文章を，次に示します。

実験を計画する際には，「データの構造」をどのようにとらえるのかという点が非常に重要になってくる。データの構造のとらえ方は，母集団のとらえ方や何を知ろうとするのかという実験の目的にとってたいへん重要である。それぞれの場合におけるデータの構造は次のようになると考えられる。

① **一元配置の場合**

A_i 水準における第 j 番目のデータ x_{ij} の構造は次のように書かれる。

$$x_{ij} = \mu + a_i + \varepsilon_{ij}$$

② **繰り返しのない**二元配置の場合

$A_i B_j$ 水準におけるデータ x_{ij} の構造は次のように書かれる。

$$x_{ij} = \mu + a_i + b_j + \varepsilon_{ij}$$

③ **繰り返しのある**二元配置の場合

$A_i B_j$ 水準における第 k 番目のデータ x_{ijk} の構造は次のように書かれる。

$$x_{ijk} = \mu + a_i + b_j + (ab)_{ij} + \varepsilon_{ijk}$$

ここに，それぞれの変数は以下のようになっている。

μ：**平均値**　　　　　　　　　　a_i：因子 A の主効果（i は水準）

b_j：因子 B の主効果（j は水準）　　ε_{ij} および ε_{ijk}：各測定値の誤差

$(ab)_{ij}$：A と B の**交互作用**効果

解答

35	36	37	38	39
イ	エ	オ	ケ	サ

問 9 解説

この問題は，分散分析の手順の大きな流れを問題にはしておらず，自由度の部分を問うものになっていますね。自由度は因子ごとのデータの大きさ（データ数）から 1 を引いたものですので，次の関係が成り立ちます。

$$f_A = a - 1$$
$$f_B = b - 1$$

交互作用の自由度はこれらの積ですので，

$$f_{A \times B} = (a-1)(b-1)$$

また，総変動の自由度は全体のデータ数（abn）から，やはり 1 を引いたものになりますので，

$$f_\mathrm{T} = abn - 1$$

　最後に，自由度の縦の欄の合計は総変動の自由度に一致しなければなりません。つまり，次式が成立する必要があります。

$$f_\mathrm{T} = f_\mathrm{A} + f_\mathrm{B} + f_{\mathrm{A} \times \mathrm{B}} + f_\mathrm{E}$$

この式から，

$$f_\mathrm{E} = ab\,(n-1)$$

が得られます。完成させた分散分析表を次に示します。

	要因	平方和	自由度	分散	分散比
1	A	S_A	$f_\mathrm{A} = a - 1$	$V_\mathrm{A} = S_\mathrm{A}/f_\mathrm{A}$	$V_\mathrm{A}/V_\mathrm{E}$
2	B	S_B	$f_\mathrm{B} = b - 1$	$V_\mathrm{B} = S_\mathrm{B}/f_\mathrm{B}$	$V_\mathrm{B}/V_\mathrm{E}$
3	A×B	$S_{\mathrm{A} \times \mathrm{B}}$	$f_{\mathrm{A} \times \mathrm{B}} = (a-1)(b-1)$	$V_{\mathrm{A} \times \mathrm{B}} = S_{\mathrm{A} \times \mathrm{B}}/f_{\mathrm{A} \times \mathrm{B}}$	$V_{\mathrm{A} \times \mathrm{B}}/V_\mathrm{E}$
4	E	S_E	$f_\mathrm{E} = ab\,(n-1)$	$V_\mathrm{E} = S_\mathrm{E}/f_\mathrm{E}$	
5	T	S_T	$f_\mathrm{T} = abn - 1$		

解答

40	41	42	43	44
サ	ウ	エ	ソ	シ

問 10 解説

　これは，マトリックスデータ解析法に属する問題といえるでしょう。かなり専門的な前置きが長くて，たいへんむずかしそうに思えるかもしれませんが，よく読んでみますと，◎，○，△，×をそれぞれ4，3，2，1点に置き換えて足し算をするだけの単純な問題ですね。

　そのように数字に置き換えますと，次のようになりますので最下行にその合計を載せます。銘柄WとYとが競り合った結果，結局Yが第1位になったことがわかりますね。

銘柄 評価項目	W	X	Y	Z
ドレープ性	4	1	4	3
抗ピル性	3	2	3	1
難燃性	3	2	4	1
均染性	2	1	2	2
評点合計	12	6	13	7

解答

45	46	47	48
ス	キ	セ	ク

問 11 解説

① 製品あるいはサービスのすべてに対して行われる検査は，**全数検査**です。文字どおり全部を検査します。

② 製品あるいはサービスの一部を抜き出して行われる検査は，**抜取検査**と呼ばれます。全数検査ではない場合の，一般的な検査に相当します。

③ 購入段階等において，供給者が行った検査結果を必要に応じて確認することを基礎として，購入者の検査の一部が省略される検査は，自分が直接に行わないという意味で，**間接検査**です。

④ 技術情報や品質情報を信用して，サンプルの試験を省略する検査は，**無試験検査**と呼ばれます。過去の実績などから，不適合品の発生がないことや次工程などへの迷惑のかからないことがほぼ見通せる場合に行われます。

解答

49	50	51	52
イ	オ	ク	エ

問 **12** 解説

　バスタブ曲線とは，一般的な傾向として機器やシステムの経時的な故障率曲線を示したものです。バスタブとは浴槽，つまり西洋式のお風呂のことですね。この曲線は大きく 3 つの期間に分類され，時間の順に，**初期故障期**，**偶発故障期**，そして**摩耗故障期**と呼ばれています。

　摩耗故障期においてもトラブルを予防するような保全をすることにより，故障率は低下させることが一般に可能です。正しい図を示しますので，よく確認しておいてください。

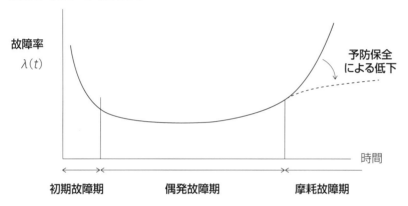

解答

53	54	55	56	57
キ	ア	エ	オ	ケ

問 **13** 解説

不適合数を c としますと，CL，UCL および LCL は次のようになります。

$$\text{CL} = \bar{c}$$
$$\text{UCL} = \bar{c} + 3\sqrt{\bar{c}}$$
$$\text{LCL} = \bar{c} - 3\sqrt{\bar{c}}$$

26日間で不適合総数が96でしたので，1日あたりを求めて，

$$\bar{c} = \frac{96}{26} = 3.69$$

となります。次に UCL は，

$$\text{UCL} = 3.69 + 3\sqrt{3.69} = 3.69 + 3 \times 1.92 = 9.45$$

また，LCL は，

$$\text{LCL} = 3.69 - 3\sqrt{3.69} = 3.69 - 3 \times 1.92 < 0$$

となって，負の値になりますので，下方管理限界線はこの場合には示されません。

解答

58	59	60	61	62	63
ウ	ア	イ	ウ	ク	ケ

問 **14** 解説

　選択肢が多く，与えられた図も違いがわかりにくい問題のように感じられるかと思いますが，少しずつ違いをみていくことにしましょう。工程能力指数は負の値をとることはありませんので，マイナスの数字は無視しましょう。

　S_U および S_L は規格の上限値および下限値ということですから，その規格から一番多く外れているのが⑤であることがわかります。これが工程能力指数最小の0.66と考えられます。次に規格外れが多いのが③で，ちょうどはみ出ていないもの（山の裾野がちょうど上下限に一致しているもの）が④ですので，③が0.95，④が1.0とみられます。山の裾野がちょうど上下限に一致しているものは余裕が全くない場合で，工程能力指数が1.0となります。

　逆に規格限界から最も内側にあるグラフは②です。これが最も工程能力が高いといえます。工程能力指数が最大の1.6と考えられます。その次に工程能力の高いものは①ですね。これが工程能力指数1.2となります。

解答

64	65	66	67	68
コ	サ	ク	ケ	キ

問 **15** 解説

69：「文書化」「調整」「組織運営」「顧客個別対応」「戦略策定」が候補として考えられます。「組織運営」は多くの人の活動を適切かつ円滑に継続させることであるため，標準化が有効であり目的として適切です。

71：「手順書」「取決め」が候補として考えられます。「手順書」だと意味が狭く標準化の活動としては一部分なので「取決め」の方が適切です。

70：「繰り返して」「強制して」「任意に」が候補として考えられます。標準化の説明としては「繰り返して使用するための取決め」が適切です。

73：標準化，統一化と類似した意味の言葉が入ると考えられることから，「単純化」が適切と考えられます。

72：単純化や統一化と反対の言葉が入ると考えられ，選択肢の中では「複雑化」が単純化の反意語になるため，最も適切です。

74：空欄の前後から，促進すべきものであり，「相互理解」と類似した言葉

であると考えられ，「コミュニケーション」が最も適切です。

解答

69	70	71	72	73	74
オ	ク	ア	エ	カ	ア

問 **16** 解説

品質マネジメントの原則は，次のようになっています。

顧客重視

品質マネジメントの主眼は，顧客の要求事項を満たすことおよび顧客の期待を超える努力をすることにある。

リーダーシップ

すべての階層のリーダーは，目的および目指す方向を一致させ，人々が組織の品質目標の達成に積極的に参加している状況を作り出す。

人々の積極的参加

組織内のすべての階層にいる，力量があり，権限を与えられ，積極的に参加する人々が，価値を創造し提供する組織の実現能力を強化するために必須である。

プロセスアプローチ

活動を，首尾一貫したシステムとして機能する相互に関連するプロセスであると理解し，マネジメントすることによって，矛盾のない予測可能な結果が，より効果的かつ効率的に達成できる。

改善

成功する組織は，改善に対して，継続して焦点を当てている。

客観的事実に基づく意思決定

データおよび情報の分析および評価に基づく意思決定によって，望む結果

が得られる可能性が高まる。

関係性管理

　持続的成功のために，組織は，例えば提供者のような，密接に関連する利害関係者との関係をマネジメントする。

解答

75	76	77	78	79
カ	キ	イ	ウ	オ

第4回模擬テスト

問 **1** 解説

　TQC（Total Quality Management）に含まれるものですが，その中で特に統計的な原理と手法に基づく品質管理を，**SQC**（Statistical Quality Control）と呼ぶことがあります。

　本問の文章は SQC の定義です。それぞれの⬚⬚⬚⬚に正しい語句を入れて完成させた文章を，次に示します。選択肢の数学は統計よりも広すぎる概念です。化学は話が違いますね。ここでは，(1)と(2)がいずれも○○性ということになっていますが，「マーケットにおいて」とあるほうに市場性を入れることが妥当でしょう。

　統計的品質管理とは，もっとも**有用**性が高く，かつ，マーケットにおいて**市場**性のある製品を，もっとも経済的に**生産**するために，**生産**の全段階において**統計**的な原理と**手法**を活用することをいう。

解答

1	2	3	4	5
エ	オ	ク	カ	キ

問 **2** 解説

① 社内標準化は社内のことであっても，国家標準や業界団体規程などと内容について合わせておく必要はあります。

② 標準はよりよいものにしていくことが望ましいので，改訂すべき点が見つかれば改訂することが必要です。あまりころころと変えていてはそれが問題になることもありますので，改訂時期などもルール化しておくことが望ましいといえます。

③ 作業標準を文章だけで作成することは必ずしも必要ありません。理解しやすく使いやすいことが重要ですので，図や写真を用いて作成することも問題ありません。

④ 作業標準に従って作業することによって品質のばらつきが少なくなるこ

とも多く，そして，一般に生産効率が向上することも期待されます。
⑤ 作業標準を作る過程で，作業内容が明確化されることも多く，作業の改善につながることもよくあることです。その意味からも作業標準を作ることが重要であるといえます。

解答

6	7	8	9	10
×	×	×	○	○

問3 解説

たいへん仰々しい式が並んでいてびっくりしますが，ひとつひとつみていきましょう。偏差平方和とは，名前のとおり偏差の平方和（2乗和）のことですから，偏差が $x_i - \bar{x}$（$\bar{x}$ は平均値）であったことを思い出しましょう。

すると，空欄13は $\bar{x}$ になります。2乗和ですから14が2ですね。末尾に書かれた「ここに」から平均値の定義式であることがわかりますから，11はデータ数の n が入ります。積算する Σ 記号のはじまりは1となります。

これらの式は，偏差平方和および平均値の定義式ですので重要です。また，平方和の記述式において，最後の式は統計の計算においてよく用いられる関係式ですので，これも頭に入れておいてください。

解答

11	12	13	14
ク	ア	サ	イ

問4 解説

各回の測定値を x_i とし，かたよりが μ でばらつきが e_i としますと，次のように書くことができます。

$$x_i = m + \mu + e_i$$

① この質量 m の製品を多数回測定して x_i の平均を $\langle x_i \rangle$ などと書く記法を採用しますと，ばらつきの平均は回数を増やすほどゼロに近づきますの

で，「→」印を「近づく」という意味で用いて，次のようになります。

$$\langle e_i \rangle \to 0$$

したがって，定数の平均は定数になり，また平均をとる操作が線形であることを使いますと，

$$\langle x_i \rangle = \langle m + \mu + e_i \rangle$$
$$= \langle m \rangle + \langle \mu \rangle + \langle e_i \rangle$$
$$\to m + \mu + 0$$
$$= m + \mu$$

この結果は，$\langle x_i \rangle$ が m ではなくて，$m + \mu$ に近づくことを意味しています。

② 上と同様に計算をしますと，

$$\langle x_i^2 \rangle = \langle (m + \mu + e_i)^2 \rangle$$
$$= \langle m^2 + \mu^2 + e_i^2 + 2m\mu + 2me_i + 2\mu e_i \rangle$$
$$= \langle m^2 \rangle + \langle \mu^2 \rangle + \langle e_i^2 \rangle + 2\langle m\mu \rangle + 2\langle me_i \rangle + 2\langle \mu e_i \rangle$$
$$= m^2 + \mu^2 + \langle e_i^2 \rangle + 2m\mu + 2m\langle e_i \rangle + 2\mu\langle e_i \rangle$$
$$\to m^2 + \mu^2 + \langle e_i^2 \rangle + 2m\mu + 0 + 0$$
$$= m^2 + \mu^2 + \langle e_i^2 \rangle + 2m\mu$$

これは m^2 に近づくのではないことを示しています。

③ やはり，$x_i = m + \mu + e_i$ を使って計算してみます。x_i の不偏分散は $\langle x_i \rangle = \overline{x}$ と書けば，次のようになります。

$$\frac{1}{n-1} \sum_{i=1}^{n} (x_i - \overline{x})^2$$

この式で，$\overline{x} = m + \mu$ であることを使えば，

$$x_i - \overline{x} = m + \mu + e_i - (m + \mu) = e_i$$

となりますから，不偏分散は，次のように書かれます。

$$\frac{1}{n-1} \sum_{i=1}^{n} e_i^2$$

これは誤差のばらつき（分散）の平均であって，この n が無限大になれば，σ^2 になるはずです。記述のとおりです。

④ 問題にある式は，不偏分散の定義そのものですので，記述のとおりです。

⑤ 記述のとおりです。母分散 σ^2 は，④の不偏分散を無限回（$n \to \infty$）測定した時の V のことであって，現実には求めることは困難ですが，測定

値から求められる不偏分散は母分散 σ^2 の推定値として扱われます。

解答

15	16	17	18	19
×	×	○	○	○

問 **5** 解説

　文章は次式の形からわかりますように，**重み付き平均**に関するものとなっています。

$$\overline{a} = \frac{W_1 a_1 + W_2 a_2}{W_1 + W_2}$$

　変量 a_1 に W_1 の重みが，a_2 に W_2 の重みが付いています。重みが大きいほどその変量が平均に大きく影響します。

① **重み付き平均**に限らずに，どのような平均であっても一般にもとのデータと次元や**単位**が同じでなければなりません。

② また，上の式で，$W_1 = W_2 = W$ である場合には，約分ができて，次のようになります。

$$\overline{a} = \frac{W_1 a_1 + W_2 a_2}{W_1 + W_2} = \frac{W a_1 + W a_2}{2W} = \frac{a_1 + a_2}{W}$$

　すなわち，a_1 と a_2 の**単純平均**（相加平均，代数平均，算術平均）になります。

③ ２つの変数（の番号）を入れ替えても同一の式になります。次のような関係です。

$$\frac{W_2 a_2 + W_1 a_1}{W_2 + W_1} = \frac{W_1 a_1 + W_2 a_2}{W_1 + W_2}$$

　この性質は**対称式**という性質です。ケの交代式とは，２つの変数（の番号）を入れ替えた場合に式全体の符号にマイナスが付く式のことです。

④ たとえば，重み $W_2 = 0$ の場合，平均は単純に a_1 となって a_2 が平均に寄与しないことがわかります。

20	21	22	23
ウ	ク	エ	サ

問**6** 解説

　実際にヒストグラムを作成する場合を想定して，順次考えていきましょう。正しい手順は以下のようになります。

手順1　ヒストグラムを作成する特性を決める。

手順2　データを集める。

手順3　データの最大値と最小値を求める。

手順4　区間の数を設定する（区間の数は，一般にデータ総数の平方根の当たりの整数を採用することが多くなっています）。

手順5　区間の幅を決める（区間の幅は，（最大値－最小値）÷区間の数とし，測定の刻み（最小測定単位）の整数倍に丸めることが一般的です）。

手順6　区間の境界値を決める（区間の境界値は測定の刻みの１／２のところに来るようにします。そうすることで，ちょうど境界にくるデータ（どちらの区間に入れるべきか迷うデータ）がないようにできます）。

手順7　区間の中心値を決める。

手順8　データの度数を数えて，度数表を作成する。

手順9　ヒストグラムを作成する。

手順10　平均値や規格値の位置を記入する。

手順11　必要事項（目的，製品名，工程名，データ数，作成者，作成年月日等）を記入する。

解答

24	25	26	27	28	29	30
キ	エ	イ	ウ	カ	ア	オ

① 相関係数 r_{xy} は，2つの変量が互いに独立であるときには，0 となる係数ですので，与えられた式は正しい式となります。

② また相関係数は偏差積和および平方和により次のように表されます。

$$r_{xy} = \frac{S_{xy}}{\sqrt{S_{xx} S_{yy}}}$$

ここに，偏差積和は次式で定義され，

$$S_{xy} = \sum_{i=1}^{n} (x_i - \overline{x})(y_i - \overline{y})$$

また，S_{xx} および S_{yy} は平方和（偏差平方和）と呼ばれて，それぞれ次式で表されるものです。

$$S_{xx} = \sum_{i=1}^{n} (x_i - \overline{x})^2$$

$$S_{yy} = \sum_{i=1}^{n} (y_i - \overline{y})^2$$

これによれば，$r_{xy} = 0$ のとき $S_{xy} = 0$ でもありますので，与えられた式は正しいことになります。

③ 共分散 $Cov(x, y)$ は，次のように定義されるものです。

$$Cov(x, y) = \frac{\sum_{i=1}^{n} (x_i - \overline{x})(y_i - \overline{y})}{n}$$

この式の分子は偏差積和 S_{xy} そのものですので，やはりこれは 0 となります。

④ ここで偏差積和 S_{xy} をその定義式から次のように計算してみます。

$$S_{xy} = \sum_{i=1}^{n} (x_i - \overline{x})(y_i - \overline{y})$$

$$= \sum_{i=1}^{n} x_i y_i - \overline{x} \sum_{i=1}^{n} y_i - \overline{y} \sum_{i=1}^{n} x_i + \sum_{i=1}^{n} \overline{x}\,\overline{y}$$

$$= \sum_{i=1}^{n} x_i y_i - n\overline{x}\,\overline{y} - n\overline{x}\,\overline{y} + n\overline{x}\,\overline{y}$$

$$= n\overline{xy} - n\overline{x}\,\overline{y} = n(\overline{xy} - \overline{x}\,\overline{y})$$

この結果により，$S_{xy} = 0$ ということは $\overline{xy} = \overline{x}\,\overline{y}$ ということになりま

す。よって，与式は正しい式です。
⑤ 急にベクトルが出てきて驚かれたと思いますが，ベクトルどうしの内積がゼロになることが直交であったことを思い出しましょう。$x_i - \overline{x}$ を成分とするベクトルとは，$(x_1 - \overline{x}, \ x_2 - \overline{x}, \ \cdots, \ x_i - \overline{x}, \ \cdots, \ x_n - \overline{x})$ というベクトルのことですので，直交しているかどうかの相手の $[y_i - \overline{y}]$ は，同様に $(y_1 - \overline{y}, \ y_2 - \overline{y}, \ \cdots, \ y_i - \overline{y}, \ \cdots, \ y_n - \overline{y})$ というベクトルのことです。ベクトルの内積は，対応する成分どうしを掛け算して総和をとるものでしたから，それは結局 x_i と y_i の偏差積和そのものになります。②で偏差積和 S_{xy} が 0 でしたから，これらのベクトルの内積も 0 です。したがって，これらのベクトルは直交しています。$[x_i - \overline{x}] \perp [y_i - \overline{y}]$ という式も正しいことになります。結局，すべての式が正しいものでした。ごくたまに，こういうこともあります。

解答

31	32	33	34	35
○	○	○	○	○

要点整理

社会的責任（SR）

組織の決定および活動が社会および環境に及ぼす影響に対して，透明かつ倫理的な行動を通じて組織が担う責任

企業の社会的責任（CSR）

収益を上げ配当を維持し，法令を遵守するだけでなく，人権に配慮した適正な雇用・労働条件，消費者への適切な対応，環境問題への配慮，地域社会への貢献を行うなど，企業が市民として果たすべき責任

三方よし

「売り手よし」「買い手よし」「世間よし」の３つの「よし」。売り手と
買い手がともに満足し、また社会貢献もできるのがよい商売であると
いうこと。近江商人の心得をいったもの

用語の意味を
しっかりおさえて
おきましょう

問 **8** 解説

　直交表とは、どの列を取っても、同じ組合せが同じ数だけある（直交して
いるという）表のことです。各因子に公平な実験計画のための割り付け表と
して用いられます。一般に多元配置の実験では、少なくとも因子の水準数を
掛けた回数だけ実験数が必要になり、因子数が多くなると実験回数はとてつ
もなく膨大な数になってしまいます。しかし、求める交互作用が少なけれ
ば、直交表によって、多くの因子に関する実験を比較的少ない回数で行うこ
とができます。

　一般に直交表 $L_4(2^3)$ として示されるものは、次のようなものです。

1	1	1
1	2	2
2	1	2
2	2	1

　これは⑤に一致していますね。⑤は○になります。その他については、ど
のように正しいかどうかを判定するのでしょう。⑤の１行目と２行目、そし
て、３行目と４行目を入れ替えますと、①になりますので、①も○になりま
す。また、⑤において１と２を完全に入れ替えますと、②になりますので②
も○です。

　これらに対して、③は１列目と３列目が同じなので、これらの列が独立で
はありません。また、④は２列目の１と２をそっくり入れ替えますと同じに

なりますので、やはり独立ではありません。③と④は×になります。

　しかし、そもそも直交とはどういうことでしょう。これはベクトルの直交（直角に交わること）と概念としては同じなのです。具体的に示しますと、$L_4(2^3)$，すなわち⑤における縦の列の第1列と第2列について、表の1を+1，2を-1と考えますと（2つの水準を大きさが同じで相反するものと考えるのです）、次のような2つのベクトルになります。

　　　　$(+1, +1, -1, -1)$　および　$(+1, -1, +1, -1)$

　ベクトルの内積を（思い出せる方は）思い出してください。内積がゼロになることは互いに直角に交わることでしたね。

　ベクトル a と b において内積は、| |を絶対値記号とし、互いの交わる角度を θ として、次のようになりますね。・は内積記号です。

　　　$a \cdot b = |a||b|\cos\theta$

　これがゼロですので、$\cos\theta = 0$，つまり、$\theta = 90°$ です。上の2つの列から取り出したベクトルどうしの内積を求めてみますと、対応する成分どうしを掛けて合計する操作ですので、

　　　$(+1,\ +1,\ -1,\ -1) \cdot (+1,\ -1,\ +1,\ -1)$
　　　$= (+1)(+1) + (+1)(-1) + (-1)(+1) + (-1)(-1)$
　　　$= 0$

となって直交していることがわかります。

解答

36	37	38	39	40
○	○	×	×	○

問9 解説

　アロー・ダイヤグラム法は、PERT図法ともいわれ、多くの段階のある日程計画を効率的に立案し、進度を管理することのできる矢線図を用いて検討される方法です。

　先行作業とは、その作業が終わらないと該当する作業が始められない作業のことです。また、ダミー作業とは、実際に行われることのない作業ですが、PERT図の中では、作業と作業の間の順序関係などを示すために用いられます。たとえば、イでは、作業Dの先行作業は作業Aの他に作業Bも該

当することになります。

本問において，たとえば作業 C の先行作業は，アでは作業 A および作業 B，イでは作業 B，ウでは作業 A，エでは先行作業なし，オでは作業 A となり，与えられた表に合致するものはウおよびオとなります。この 2 つの図において，作業 D の先行作業を調べますと，オでは，作業 B および作業 C が先行作業となっていて合致しません。ウが該当することがわかります。

なお，ダミー作業には作業名(記号)がつけられていないこともあります。

解答

41
ウ

問 **10** 解説

親和図法は，多くの言語データがあってまとまりをつけにくい場合に用いられます。意味内容が似ていることを「親和性が高い」と呼んで，そのようなものどうしを集めながら全体を整理していく方法です。この方法は川喜田二郎博士の考案された KJ 法を QC 七つ道具に取りこんだものです。

一般にひとつひとつのデータをカードにして検討グループ員に配って行いますので，TKJ 法（トランプ KJ 法）とも呼ばれます。民俗学者であった川喜田先生は，現地調査で得た膨大なデータを 1 人で整理するために考案されたのですが，一般にはグループで作業して知識や問題意識の共有化などを目的に行われることが多いようです。

◯◯◯◯◯に正しい語句を入れて完成させた文章を，次に示します。

手順1　情報やアイデアなどの言語データを**カード**化する。
手順2　**カード**をシャッフルする。
手順3　**カード**を全員に配る。
手順4　1 人が親になり 1 枚を読んで場に出す。
手順5　全員がそれに関連あると思う**カード**を出す。
手順6　それらをまとめて，手順 4 に戻る。
手順7　**カード**を出し終われば，それを大きな紙の上に整理して，グループごとに**タイトル**を付ける。それを「**島**」と呼ぶ。

手順8　**親和性**の高い**島**を集めながら，全体をまとめていく。

解答

42	43	44	45
キ	ケ	コ	ウ

問 **11** 解説

① 図のように，発生頻度を整理して，頻度の順に棒グラフにし，累積度数を折れ線グラフで付加したものを**パレート図**といいます。
② 図は，要因が結果に関係し影響している様子を，矢線の入った系統図にしたものであって，**特性要因図**といいます。
③ 図は，2つの変量を座標軸上のグラフとして打点したものです。**散布図**です。
④ 図は，特性要因図に似ていますが，単にグルーピングして整理するだけでなく，原因と結果のメカニズムや因果関係を矢線で結んでまとめていく図になっています。**連関図法**といいます。
⑤ 図は，問題に関連して着目すべき要素を，碁盤の目のような行列図の縦と横に項目をつけて，項目と項目の交点において互いの関連の検討を行うためのものです。これは**マトリックス図法**です。

解答

46	47	48	49	50
カ	ウ	ア	ケ	サ

問 **12** 解説

　複合されたシステムの故障確率の問題です。ANDゲートとORゲートとは次のようなものです。

ANDゲート　すべての入力事象（図の下位項目など）が起きる時に出力事象（図のトップ項目）が起きるゲート。トップ項目の信頼性確率は，入力事

象の信頼性確率の積になります。

OR ゲート　入力事象のうち，少なくともひとつが起きると出力事象が起きるゲート。トップ項目の信頼性確率は，入力事象の信頼性確率の和になります。

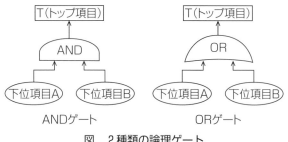

図　2 種類の論理ゲート

それぞれの　　　　　に正しいものを入れて完成させた文章を，次に示します。

2 つのシステム A および B において，それぞれの故障確率を Pr (A) および Pr (B) と書く時，システム A and B およびシステム A or B の故障確率を考える。

故障確率に対して，信頼性確率 Re を次のように定義する。

$$Re(A) = 1 - Pr(A) \qquad\qquad Re(B) = 1 - Pr(B)$$

すると，Re (A and B) は両システムが同時に信頼される確率なので，

$$Re(A \text{ and } B) = Re(A) \times Re(B) = (1 - Pr(A))(1 - Pr(B))$$
$$= 1 - (Pr(A) + Pr(B)) + (Pr(A) \times Pr(B))$$

$\therefore\quad Pr(A \text{ and } B) = 1 - Re(A \text{ and } B) = Pr(A) + Pr(B) - Pr(A) \times Pr(B)$

一方，Re (A or B) は，少なくとも片方のシステムが信頼される場合であるが，Re (A) + Re (B) とすると，両方同時に信頼されるケースが 2 回数えられてしまうので，そのうち 1 つを差し引いて，

$$Re(A \text{ or } B) = Re(A) + Re(B) - Re(A) \times Re(B)$$
$$= 1 - Pr(A) + 1 - Pr(B) - (1 - Pr(A))(1 - Pr(B))$$
$$= 1 - Pr(A) \times Pr(B)$$

$\therefore\quad Pr(A \text{ or } B) = 1 - Re(A \text{ or } B) = Pr(A) \times Pr(B)$

解答

51	52	53	54
ウ	エ	カ	ケ

問 13 解説

① 記述のとおりです。各種機器が稼働してから最初の故障が起こるまでの時間を平均したものが MTTF（mean time to failure）と呼ばれます。「故障までの平均時間」という位置づけです。

② 記述は誤りです。ある故障から次の故障までの時間を平均したものは，MTBF（mean time between failures，平均故障間動作時間）といわれます。

③ 記述のとおりです。故障してから修復するまでの平均時間を，MTTR（mean time to repair，平均修復時間）といい，故障している時間である MTTR と稼働している時間である MTBF を足しますと，ちょうど全体の時間となります。

④ B_{10} ライフとは，故障確率の累積が全体の10%となる時刻のことで，B_{10} ライフが t_0 であれば，不信頼度関数 $F(t)$ において $F(t_0) = 0.10$ となります。0.90 というのは誤りです。

⑤ 記述のとおりです。アベイラビリティは，式をみてもおわかりのように，全体の時間の中で稼働している時間の割合を意味します。

解答

55	56	57	58	59
○	×	○	×	○

問 14 解説

かたより度 k は，規格の上下限 S_U，S_L と平均値 $\bar{x}$ をもとに，次式で定義されます。

$$k = \frac{|(S_U + S_L) - 2\bar{x}|}{S_U - S_L}$$

この式は，⑤の式そのものですので，⑤は○となります。その他は，この

182

式と一致するかどうかを判断して決定します。

①の式は、⑤の式の絶対値記号が取れただけの式ですので、必ずしも一致しません。×となります。

②の式は、⑤の式の分母と分子を、それぞれ2で割ったものになっていて、一致しますので○です。

③および④の式は、max や min という、特殊な記号を含んでいますが、$\max(A, B)$ は A と B の大きいほうを採用するという意味で、$\min(A, B)$ は A と B の小さいほうを採用するということです。

この問題では、③は $\max(A-B, B-A)$ の形をとっていますので、これは、$|A-B|$ ということと同じ意味になります。

同様に④は $\min(A-B, B-A) = -|A-B|$ ということになります。

このように考えますと、②も③も⑤の式に一致することがわかります。いずれも○です。

⑥の式は、分母に $S_U + S_L$ が、分子に $S_L - S_U$ がきていて、正しい式と入れ替わっていますので、一致しない式となり、×です。

解答

60	61	62	63	64	65
×	○	○	○	○	×

問 15 解説

測定値群の中で、最大のもの $x_{\max}$ と最小のもの $x_{\min}$ の差を範囲 R と呼び、毎日のデータの R をグラフにしたものを R 管理図といいます。データ x の毎日の平均 $\overline{X}$ の管理図と合わせて、$\overline{X}-R$ 管理図と呼ばれます。

正しいものを入れて完成させた文章を以下に示します。出てくる用語の意味を確認しておいてください。±の記号が付いているものと付いていないものとが混じっていますが、そのちがいをしっかり把握しましょう。

$\overline{X}$ の管理限界線は、X の平均の平均 $\overline{\overline{X}}$ を中心線として、$\pm A_2 \overline{R}$ のところにあり、R 管理図において、上方および下方の管理限界線は、それぞれ $D_4 \overline{R}$ および $D_3 \overline{R}$ で与えられる。A_2 や D_3, D_4 は統計学的に求められている定数である。

ここでは，$\overline{R} = 1.23$ がわかっているので，それと $D_4\overline{R} = 2.81$ から，$D_4 = 2.285$ が求まる。これをもとに与えられた表より，$n = 4$ であることがわかるので，$A_2 = 0.729$ となる。したがって，$\overline{X}$ の管理限界幅は，以下のように求められる。

$$\pm A_2\overline{R} = \pm 0.729 \times 1.23 = \pm 0.897$$

もし，母集団の標準偏差 σ がわかっていれば，R の平均と分散はそれぞれ次の公式で求められます。

$$E(R) = d_2\sigma$$
$$V(R) = d_3\sigma$$

d_2，d_3 は表より求めます。

表　範囲Rに関する係数 d_2，d_3

n	d_2	$1/d_2$	d_3
2	1.288	0.8862	0.853
3	1.693	0.5908	0.888
4	2.059	0.4857	0.880
5	2.326	0.4299	0.864
6	2.534	0.3946	0.848
7	2.704	0.3698	0.833

範囲の期待値 $E(R)$ を $\overline{R}$ で代表させれば，σ の推定値 $\hat{\sigma}$ は次のように求めることができます。

$$\hat{\sigma} = \frac{\overline{R}}{d_2}$$

解答

66	67	68	69	70
イ	ク	コ	ケ	オ

問 **16** 解説

市場に出回る形の**市場型商品**において，顧客は**生産者**を信用して商品を購

入するので，**生産者**としては顧客に対して品質の保証をしなければならない。そのための品質保証活動が重要となる。

また，品質や価格が**生産者**と顧客の話し合いで定まる形の**契約型商品**において，**生産者**はその契約を守るための品質保証が必要となる。

さらに，JIS に基づく生産工場においては，使用者・消費者の要求を把握し，設計，製造・加工，検査，販売などの過程全般にわたって**品質管理**を適切に行い，製品・加工品について常に JIS 規格に適合する品質を保証することが義務となる。

解答

71	72	73	74	75
ウ	カ	エ	ケ	サ

要点整理

生産の要素

4 M，すなわち，原材料（Material），機械・装置（Machine），人（Man），方法・技術（Method）をいう。さらに，測定・試験（Measurement）を加えて5 M と呼んだり，機械（Machine）に含めていた設備保全（Maintenance）を独立させて6 M と呼ぶこともある

5 S

整理，整頓，清掃，清潔，しつけ

保証の網

不具合・誤りと工程（プロセス）の二元的な対応において，どの工程で発生防止や流出防止を実施するのかをまとめた図。QA ネットワークともいう

生産者危険

　合格とするべき品質の高いロットを，抜取検査で不合格と判定してしまう危険性。第1種の誤り（あわて者の誤り）ともいう

消費者危険

　不合格とするべき品質の低いロットを，抜取検査で合格と判定してしまう危険性。第2種の誤り（ぼんやり者の誤り）ともいう

第5回模擬テスト

問 1 解説

① 現状を検討して策定する対策は，可能な限りおおもと（源流）の原因にさかのぼったものでなければならないとする考え方は，**源流志向**と呼ばれます。源流指向とも書きます。新 QC 七つ道具に属する連関図法でいえば，より高次の要因について対策することに相当します。

② 取り組むべき対象が複数ある場合には，特に重要とみられるものや効果の大きいものから取り組むべきとする考え方は，**重点志向**といいます。QC 七つ道具のひとつであるパレート図においても効果や影響の大きい順に並べるという意義はこのあたりにあります。

③ 消費者の品質要求を十分にウォッチし，できるだけこれに合わせるようにする生産上の考え方は，**消費者志向**あるいはマーケットインと呼ばれています。

④ コストの合理化や収率の向上など，生産者の立場を優先した生産上の考え方は，**生産者志向**あるいはプロダクトアウトといいます。

解答

1	2	3	4
ケ	カ	イ	ア

問 2 解説

① 日本産業規格は，その性格によって次の3つに分類できます。

基本規格 用語，記号，単位，標準数などの共通事項を規定
方法規格 試験，分析，検査および測定の方法，作業標準などを規定
製品規格 製品の形状，寸法，材質，品質，性能，機能などを規定

② JIS マークには図に示しますような種類があります。

鉱工業品用

加工技術用

特定の側面用

図　JISマーク

解答

5	6	7	8
イ	ウ	イ	ア

問3 解説

① 記述は誤りです。事実を反映する数量もデータですが，言語データと呼ばれる数量でないものもあります。

② 記述のとおりです。測定によって得られた数値は，データとなります。

③ 記述のとおりです。データの種類には，計量値，計数値，分類データ，順位データなどがあります。

④ 記述のとおりです。分類データをさらに分類すると，純分類データと順序分類データになります。純分類データとは，それぞれの分類のクラス間に順序がない場合のものです。製品の等級を一級品，二級品などと分類する場合には，順序分類データということになります。

⑤ 若干むずかしい問題ですが，1位，2位，3位などは，何かを分類したものに付けられているのではないので順序分類データではなくて，1位などの表現が単一のものに付けられているだけですので，順位データと呼ばれます。

解答

9	10	11	12	13
×	○	○	○	×

問4 解説

① 人間の寿命は便宜的に「何歳」という「数え方」をするように思われますが、寿命というのは生きている時間の長さであるはずですので、時間の長さであれば計量値とみるべきでしょう。ただし、「現在の年齢」は、誕生日にひとつ増えるというルールであれば、何歳というふうに数えるということで、計数値と呼んでもよいと思われます。

② 数えるのはたいへんであっても、原理的に数えられるものであれば、計数値となります。

③ 率のようなものは基本的に整数にはなりませんが、そのもとの数字が計数値であれば、加工された数値も計数値として扱われます。結婚数を人口で割り算しますので、もとの結婚の数は計数値のはずですね。

④ 記述のとおりです。食事のカロリー数は量を表す数値です。

⑤ コップの中の水の量はたしかに計量値ですが、その分子の数は（人間にとっては無理でしょうが、たとえば神様なら）ひとつひとつ数えられるもののはずでしょう。したがって、計数値とみられます。

解答

14	15	16	17	18
×	○	×	○	×

問5 解説

　問題文だけの記述では、どのような計算が行われるのかわかりにくいと思いますので、数値を入れた具体例を示します。これを参考にしてください。

表　平均値 $\bar{x}$ と標準偏差 s の計算表（例）

区間の通し番号 i	区間幅	中心値 x_i	度数 ①$=f_i$	u_i ②$=u_i$	$u_i f_i$ ③$=$①$×$②	$u_i^2 f_i$ ④$=$②$×$③
1	$0 \sim 5$	2.5	1	-4	-4	16
2	$5 \sim 10$	7.5	3	-3	-9	27
3	$10 \sim 15$	12.5	7	-2	-14	28
4	$15 \sim 20$	17.5	10	-1	-10	10
5	$20 \sim 25$	$22.5 (= x_0)$	15	0	0	0
6	$25 \sim 30$	27.5	11	1	11	11
7	$30 \sim 35$	32.5	6	2	12	24
8	$35 \sim 40$	37.5	2	3	6	18
9	$40 \sim 45$	42.5	1	4	4	16
計			$\sum f = 56$		$\sum uf = -4$	$\sum u^2 f = 150$

まず，平均値 $\bar{x}$ を求める式については，u_i の定義式である

$$u_i = \frac{x_i - x_0}{h}$$

の式をもとに考えます。この式を x_i について解きますと，

$$x_i = x_0 + u_i h$$

平均値 $\bar{x}$ は，次の式が定義式ですから，以下のように計算できます。

$$\bar{x} = \frac{\sum_{i=1}^{n} x_i}{n} = \frac{\sum_{i=1}^{n} (x_0 + u_i h)}{n} = \frac{nx_0 + \sum_{i=1}^{n} u_i h}{n} = x_0 + \frac{\sum_{i=1}^{n} u_i}{n} \times h$$

これはデータが区間に1個の場合ですので，f_i 個のデータがある時には次のようになります。

$$\bar{x} = x_0 + \frac{\sum_{i=1}^{n} u_i f_i}{N} \times h$$

試験の際には，これだけの計算はできませんが，平均とは単に足し算して個数で割ることであると思えば，u_i の2乗という話は出てこないはずですのでイとエは外せます。また，h の単位が $\bar{x}$ や x の単位と同じであることを考えますとアも外せます。

次に標準偏差 s については，s の単位が h の単位と同じであることを考えて，キとクを外し，ヒストグラムに関係ない一般の標準偏差を求める式が次の式であることを考えますと，カが選択できるでしょう。

$$s = \sqrt{\frac{1}{n-1}\left[\sum_{i=1}^{n} x_i^2 - \frac{\left(\sum_{i=1}^{n} x_i\right)^2}{n}\right]}$$

解答

19	20
ウ	カ

問 **6** 解説

変量の分散を求める際には平均値を基準にとる立場が一般的なのですが，ごくまれには平均値とは別な値を基準にとることも行われます。ここでは，そのような計算の問題が出題されています。

ここで一般の場合と異なるものは，手順2における自由度です。データ数 n の時の，通常の自由度は $n-1$ が用いられますが，それは平均値を基準としているからです。平均値を使うことで自由度が既に1つ使われているために $n-1$ を用いるというふうに考えていただいても構いません。ここでは，平均値を基準にしない偏差を用いていますので，データの自由度は $n-1$ ではなく n となります。その他の計算は一般の場合と同様です。

解答

21	22	23	24
エ	ケ	イ	ス

問 **7** 解説

石川馨博士が始めたものとされていて，原因（要因）が結果（品質特性など）にどのように関係し，また影響しているかを示す図として，**特性要因図**

があります。特性に対してその発生の要因と考えられる事項を矢印で結んで図示したものです。その形から**魚の骨図**（Fishbone Diagram）とも呼ばれます。QC 七つ道具の中では，例外的に（数量ではなくて）情報を扱う手法ですが，大勢で作成することによって，一部の人の情報や考え方を全員で共有することもできます。

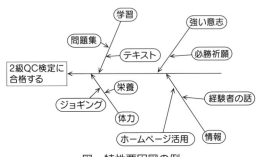

図　特性要因図の例

　この問題のテーマが特性要因図ということですので，「特性」と「要因」は手順の中に用語としてどこかに入るはずでしょう。また，大骨の前に背骨が出てくるべきことも予想されると思います。文脈からどこに入るかを判断することはそれほど難しくないのではないでしょうか。

　さらに，キ，ク，ケはどれも手順 7 の空欄に当てはまりそうですが，問題に「もっとも適切な」とありますので，この 3 つの中で，参加者がもっとも重要と判断します。

　　　　　　に正しい語句を入れて完成させた文章を次に示します。

手順 1　　**特性**を決める。
手順 2　　**背骨**を記入する。
手順 3　　大骨（大**要因**）を記入する。
手順 4　　**要因**の洗い出しを行って，中骨および**子骨あるいは孫骨**を記入する。
手順 5　　**要因**に漏れがないかどうかを確認する。
手順 6　　各**要因**における影響の大きさを検討して赤丸印などを付ける。
手順 7　　必要な事項（表題，検討対象名，作成年月日，**作成参加者**他）を記入する。

解答

25	26	27	28	29
イ	エ	サ	カ	ケ

要点整理　　ヒストグラムの分布

一般型
　度数は中心付近が最も高く，中心から離れるにつれて徐々に低くなり，左右対称

歯抜け型
　度数は区間の1つおきに少ない。くしの歯型ともいう

すそ引き型
　分布の中心がやや左寄りまたは右寄りで，左右非対称。左すそ引き型と右すそ引き型がある

絶壁型
　分布の中心が極端に左寄りまたは右寄りで，左右非対称。左絶壁型と右絶壁型がある

二山型
　分布の中心付近の度数が少なく，左右に山ができている

離れ小島型
　本体より少し離れた位置に小さい山がある

高原型
　各区間の度数があまり変わらず，高原状

問 **8** 解説

　これらの面積を求めるための基礎知識は次の表の数値です。これらの数値

は頭に入れておきましょう。また，この分布が左右対称であることも確認しておいてください。

$N(\mu, \sigma^2)$	$N(0, 1^2)$	面積
$\pm\sigma$ の内側	± 1 の内側	0.683
± 2 の内側	± 2 の内側	0.954
± 3 の内側	± 3 の内側	0.997

① Aの面積は，$\pm 3\sigma = \pm 3$ の外側の面積の半分になりますので，
　　　面積 A $= (1 - 0.997) \div 2 = 0.0015$
② D の面積は，$\pm\sigma = \pm 1$ の内側の面積の半分ですから，
　　　面積 D $= 0.683 \div 2 = 0.3415$
③ C の面積は，$(C + D + E + F) - (D + E)$ を2で割って求めます。
　　　面積 C $= (0.954 - 0.683) \div 2 = 0.1355$
④ B の面積も同じように，$(B + C + D + E + F + G) - (C + D + E + F)$ を2で割って求めます。
　　　面積 B $= (0.997 - 0.954) \div 2 = 0.0215$
⑤ G + H の面積は，$\pm 2\sigma = \pm 2$ の外側の面積の半分になりますので，
　　　面積 G + H $= (1 - 0.954) \div 2 = 0.023$

解答

30	31	32	33	34
ア	ケ	キ	ウ	エ

問9 解説

　一見，若干びっくりされる問題かもしれませんし，どこから手をつけてよいのかわからないかもしれません。
　試験の時には膨大な計算をすることはむずかしいので，簡単に考える方法として，いくつかの判断の目安を試してみます。

① $\overline{xy} - \overline{x}\,\overline{y}$ という式が x と y の2次式ですので，この問題の結果も単位が x や y の2乗の形であるべきです。相関係数は無次元であって，標準偏差はもとの変量と同じ単位なので，イ，ウおよびオが外れます。

② $\overline{xy}-\overline{x}\,\overline{y}$ という式が x と y の対称式（x と y を入れ替えても変わない式）ですので，結果も対称式であるべきです。すると，ウが外れます。

③ また x と y が独立（$r_{xy}=0$）であれば，$\overline{xy}$ と $\overline{x}\,\overline{y}$ とは等しくなるはずです。すなわち，掛け算してから平均をとっても，平均をとってから掛け算しても結果は等しくなるはずです。このことからエが外れます。

　以上で，アが残ります。これが正解です。しかし，一応ちゃんとした計算でも確認したいという方のためにも，計算をしてみましょう。

$$r_{xy}=\frac{S_{xy}}{\sqrt{S_{xx}S_{yy}}},\quad \sigma_x=\sqrt{\frac{S_{xx}}{n-1}},\quad \sigma_y=\sqrt{\frac{S_{yy}}{n-1}}$$

という関係を使って計算します。

$$\begin{aligned}
\overline{xy}-\overline{x}\,\overline{y} &= \frac{\sum_{i=1}^{n}x_iy_i}{n}-\frac{\sum_{i=1}^{n}x_i}{n}\overline{y}\\
&=\frac{1}{n}\sum_{i=1}^{n}x_i\left(y_i-\overline{y}\right)\\
&=\frac{1}{n}\left\{\sum_{i=1}^{n}\left(x_i-\overline{x}\right)\left(y_i-\overline{y}\right)\right\}+\frac{\overline{x}}{n}\sum_{i=1}^{n}\left(y_1-\overline{y}\right)\\
&=\frac{1}{n}S_{xy}+\frac{\overline{x}}{n}\sum_{i=1}^{n}\left(y_i-\overline{y}\right)\\
&=\frac{1}{n}S_{xy}
\end{aligned}$$

ここで $\sum_{i=1}^{n}\left(y_i-\overline{y}\right)$ が消えていることがおわかりでしょうか。この $\sum$ を作用させれば前の項も後ろの項も $n\overline{y}$ になります。

　一方，$S_{xy}=r_{xy}\sqrt{S_{xx}S_{yy}}$ ですから，

$$\begin{aligned}
S_{xy}&=r_{xy}\sqrt{S_{xx}S_{yy}}\\
&=r_{xy}\sqrt{(n-1)\sigma_x^2(n-1)\sigma_y^2}\\
&=r_{xy}(n-1)\sigma_x\sigma_y
\end{aligned}$$

以上を総合しますと，次のようになります。

$$\overline{xy}-\overline{x}\,\overline{y}=\frac{n-1}{n}r_{xy}\sigma_x\sigma_y$$

この式で n が十分大きければ，$\frac{n-1}{n}$ は1に近づきますので，結局アの式

に一致します。

解答

35
ア

問 10 解説

① 水準間変動と水準内変動の大きさを比較できるのは，二元配置法に限らず一元配置法においても可能です。

② 記述のとおりです。繰り返しのない二元配置法では交互作用の効果を求めることができないのに対して，繰り返しのある二元配置法では交互作用の効果を求めることができます。

③ 記述のとおりです。誤差項と交互作用を分離できます。

④ 二因子交互作用が考えられない場合に行うことができることは，繰り返しのない二元配置法の特徴であって，題意には該当しませんね。

⑤ 記述のとおりです。繰り返しのデータから，誤差の等分散性などの検証ができます。

解答

36	37	38	39	40
×	○	○	×	○

問 11 解説

① 記述のとおりです。誤差に与える各因子の影響の大きさは，寄与率の結果から，C，A，B，D，E の順とみてよいと考えられます。

② 寄与率が51%と最大になっているものが C 因子ですので，記述のとおりです。

③ 因子 D および E は寄与率の小さい因子なので，これの改善によっても全体の改善効果の大きさは小さいものとみられます。

④ 上位より3つの強い因子 C，A，B を改善すれば，寄与率の合計が82%

になっています。したがって，正確に82%かどうかは別として，全体の
おおよそ80%の改善が期待されるとみてよいでしょう。

⑤ その他の誤差 e は計量器の誤差の中の把握されている 5 つの誤差因子以
外の誤差ですので，5 つの誤差因子について改善できてもそれとは独立
に起こる誤差と考えられます。したがって，この記述は不適切なものと
みられます。

解答

41	42	43	44	45
○	○	○	○	×

問 **12** 解説

① 記述のとおりです。最早結合点日程とは，その結合点から始まる作業が
開始できるもっとも早い日程のことを意味します。

② 記述のとおりです。最遅結合点日程とは，最終結合点日程での計画の完
了の日から逆算して，その結合点で終わる作業が遅くとも終了していな
ければならない日程のことです。

③ 記述は誤りです。全体の計画の始点から終点までをつなぐ経路のうち，
最長日数の経路をクリティカルパスと呼んでいます。

④ 記述のとおりです。最早結合点日程と最遅結合点日程が一致する結合点
を結んだ経路がクリティカルパスとなります。

⑤ 記述は誤りです。クリティカルパスに属する作業は，遅延すれば直接に
全体の日程に影響します。クリティカルパスの中にない作業は，（影響し
ない範囲内において）直接に全体日程に影響しないことがあります。

解答

46	47	48	49	50
○	○	×	○	×

問 **13** 解説

　図の形とアルファベットの文字の形から類推することができる部分もある問題です。以下説明していきます。

① これはもっともよく用いられるマトリックスで，行と列の2要素からなっています。これをアルファベットのL字に見立てて **L型マトリックス** と呼びます。単純な二次元マトリックスです。より詳しくはL型二元マトリックスといいます。

② これは ABC の3要素を組み合わせているマトリックスで，その軸の形から **T型マトリックス** と呼ばれています。

③ 前項のT型マトリックスでは，A−B および B−C の組み合わせが表現できていますが，C−Aの組み合わせが表現できていません。その改良型として工夫されたもので，やはりアルファベットの形から **Y型マトリックス** と呼ばれています。

④ Y型と主旨は同じですが，立方体型なので立方体をキュービックということから **C型マトリックス** と呼ばれます。

⑤ Y型やC型のマトリックスと同様で3要素を組み合わせるのですが，すべて二元マトリックスの形で表す工夫をしています。**L型三元マトリックス** と呼ばれます。

⑥ これは4要素の組み合わせを表します。アルファベットの形から **X型マトリックス**，あるいは日本語の文字から十字型マトリックスとも呼ばれます。隣り合う要素は組み合わせられますが，そうでないもの（A−CやB−D）は組み合わせられません。

⑦ 多角形（ポリゴン Polygon），あるいは五角形（ペンタゴン Pentagon）のものを，頭文字を使って **P型マトリックス** といいます。これは星型（五角形）ですが，六角形や七角形も可能です。しかし，図が複雑なのであまり用いられていません。これらはいずれもとなり合う要素の組み合わせを表現するものになっています。

解答

51	52	53	54	55	56	57
ウ	オ	キ	エ	カ	ア	イ

問 14 解説

　びっくりするような式が選択肢に並んでいますが，あまり驚かないようにしましょう。計算をせずに判定する方法としては，直列接続のほうが並列接続より単純であることをもとに考えましょう。

　まず，①と④が4つのブロックが対等の関係にあることをもとに，式の形も R_1，R_2，R_3，R_4 が対等であるようなものを探して，イとカを見つけます。このうち単純なイが①で，複雑なカが④であると判定します。

　アも対等の関係ですが，基本的にこれらの式は R_1，R_2，R_3，R_4 の4次式でなければならない（他の式はすべて4次式）とみて，アは外しておきます。

　次に，②が R_1 と R_2，そして R_3 と R_4 を同時に入れ替えてもブロックの並びが変わらないことを考えて，そのような式はウであると考えます。

　また，③と④では R_4 が他の3ブロックに比べて特別な位置にありますので，この2つのうち R_4 について単純なほうが R_4 の直列接続であると考えれば，オが③に対応するとみられます。

　以上は，試験の際には便利な判定法ですが，ちゃんとした計算をしないと気が済まない方は以下のように計算されることをおすすめします。2つのブロック（信頼度 R_1，R_2）が直列に接続されている場合の全体の信頼度は，それらの掛け算（積）になりますので，$R_1 \times R_2$ となります。

　また，それらのブロックが並列に接続されている場合には，不信頼度の積が全体の不信頼度になりますので，

　　　総合不信頼度 $= (1 - R_1) \times (1 - R_2)$

　したがって，総合信頼度は次のようになります。

　　　総合信頼度 $= 1 - (1 - R_1) \times (1 - R_2) = R_1 + R_2 - R_1 \times R_2$

　これらをもとに4つのブロックの場合を計算しますと，次のようになります。

① $R_1R_2R_3R_4$

② $1-(1-R_1R_2)(1-R_3R_4)=R_1R_2+R_3R_4-R_1R_2R_3R_4$

③ $\{1-(1-R_1)\times(1-R_2)\times(1-R_3)\}\times R_4$
   $=(R_1+R_2+R_3-R_1R_2-R_2R_3-R_3R_1+R_1R_2R_3)R_4$

④ $1-(1-R_1)\times(1-R_2)\times(1-R_3)\times(1-R_4)$
   $=R_1+R_2+R_3+R_4-R_1R_2-R_1R_3-R_1R_4-R_2R_3-R_2R_4-R_3R_4$
   $\quad+R_1R_2R_3+R_1R_2R_4+R_1R_3R_4+R_2R_3R_4-R_1R_2R_3R_4$

⑤ $1-(1-R_1R_2R_3)\times(1-R_4)=R_1R_2R_3+R_4-R_1R_2R_3R_4$

解答

58	59	60	61	62
イ	ウ	オ	カ	エ

問 **15** 解説

　管理図を作成する作業を順に考えていけば，その手順はおわかりになると思います。正しい手順を以下に示します。

手順1　群の大きさ n が2～6程度になるような時系列データを収集する。

手順2　群ごとにデータの平均値 $\overline{X}$ を求める。

手順3　群ごとにデータの範囲 R を求める。

手順4　群ごとの平均値 $\overline{X}$ の平均値 $\overline{\overline{X}}$ を求める。

手順5　群ごとの範囲 R の平均値 $\overline{R}$ を求める。

手順6　管理線を計算する。
　　　　$\overline{X}$：$\mathrm{CL}=\overline{\overline{X}}$，$\mathrm{UCL}=\overline{\overline{X}}+A_2\overline{R}$，$\mathrm{LCL}=\overline{\overline{X}}-A_2\overline{R}$
　　　　R：$\mathrm{CL}=\overline{R}$，$\mathrm{UCL}=D_4\overline{R}$，$\mathrm{LCL}=D_3\overline{R}$

手順7　管理線を記入する。

手順8　群ごとの平均値 $\overline{X}$ と範囲 R をグラフ上に打点する。

手順9　その他の必要事項を記入する。
　　　　管理図の目的，製品名，工程名，品質特性，データを集めた期間，測定方法，作成者名等

解答

63	64	65	66	67
ウ	オ	ア	エ	イ

問 **16** 解説

⬜⬜⬜に正しい語句を入れて完成させた文章を次に示します。

　一般に**生産者**が製造する製品に対しては，顧客からの各種の苦情がつきものである。通常，苦情あるいは**コンプレイン**と呼ばれるものは，製品あるいは苦情対応プロセスにおいて，組織に対する**不満足**の表現であり，その対応あるいは解決法が明示的または暗示的に期待されているものをいう。

　特に修理，取替，値引き，解約あるいは**損害賠償**などの具体的請求をともなうものを**クレーム**と呼んでいる。**生産者**あるいは販売者の側に具体的に持ち込まれる**クレーム**を**顕在クレーム**，持ち込まれずに顧客の側に留まる**クレーム**を**潜在クレーム**といわれることもある。

　顕在クレームは否応なく対応することが必要であるが，一般に**潜在クレーム**は**生産者**側に届きにくいので，**生産者**としては，**潜在クレーム**をいかにきき出してよりよい製品を製造していくかということが，ひとつの大きな課題でもある。

解答

68	69	70	71	72	73	74
ア	ウ	オ	カ	ケ	ク	キ

問 **17** 解説

ポアソン分布の確率計算式より,

$$2.718^{-0.02} \times \frac{0.02^0}{0!} = 0.98$$

解答

75
エ

第1回模擬テスト 解答用紙

問 1

1	2	3	4	5

問 2

6	7	8	9	10

問 3

11	12	13	14	15

問 4

16	17	18	19	20

問 5

21	22	23	24	25

問 6

26	27	28	29

問 7

30	31	32	33	34

第1回

解答用紙

問8

35	36	37	38	39

問9

40	41	42	43	44	45	46

問10

47	48	49	50	51

問11

52	53	54	55	56

問12

57	58	59	60

問13

61	62	63	64	65

問14

66	67	68	69	70

問 15

71	72	73	74	75

問 16

76	77	78	79	80

問 17

81	82	83

第**1**回

解答用紙

第2回模擬テスト 解答用紙

問 1

1	2	3	4	5

問 2

6	7	8	9	10

問 3

11	12	13	14	15

問 4

16	17	18	19	20

問 5

21	22	23	24	25

問 6

26	27	28	29	30

問 7

31	32	33	34	35

問 8

36	37	38	39

問 9

40	41	42	43	44

問 10

45	46

問 11

47	48	49	50	51

問 12

52	53	54	55	56

問 13

57	58	59	60

問 14

61	62	63	64	65

問 15

66	67	68	69	70

問 16

71	72	73	74	75

第3回模擬テスト 解答用紙

問 1

1	2	3	4	5

問 2

6	7	8	9	10

問 3

11	12	13	14	15	16	17	18

問 4

19	20	21	22	23

問 5

24	25	26	27	28

問 6

29	30	31

問 7

32	33	34

第**3**回

解答用紙

問 8

35	36	37	38	39

問 9

40	41	42	43	44

問 10

45	46	47	48

問 11

49	50	51	52

問 12

53	54	55	56	57

問 13

58	59	60	61	62	63

問 14

64	65	66	67	68

問 15

69	70	71	72	73	74

問 16

75	76	77	78	79

第4回模擬テスト 解答用紙

問 1

1	2	3	4	5

問 2

6	7	8	9	10

問 3

11	12	13	14

問 4

15	16	17	18	19

問 5

20	21	22	23

問 6

24	25	26	27	28	29	30

問 7

31	32	33	34	35

問 8

36	37	38	39	40

問 9

41

問 10

42	43	44	45

問 11

46	47	48	49	50

問 12

51	52	53	54

問 13

55	56	57	58	59

問 14

60	61	62	63	64	65

解答用紙

問 15

66	67	68	69	70

問 16

71	72	73	74	75

第5回模擬テスト 解答用紙

問 1

1	2	3	4

問 2

5	6	7	8

問 3

9	10	11	12	13

問 4

14	15	16	17	18

問 5

19	20

問 6

21	22	23	24

問 7

25	26	27	28	29

第
5
回

解答用紙

問 8

30	31	32	33	34

問 9

35

問 10

36	37	38	39	40

問 11

41	42	43	44	45

問 12

46	47	48	49	50

問 13

51	52	53	54	55	56	57

問 14

58	59	60	61	62

問 15

63	64	65	66	67

問 16

68	69	70	71	72	73	74

問 17

75

MEMO

MEMO

著者紹介

福井 清輔 （ふくい せいすけ）

[略歴と資格]

福井県出身，工学博士，東京大学工学部卒業，東京大学大学院修了

[主な著作]

「よくわかる　2級 QC 検定 合格テキスト」（弘文社）
「よくわかる　3級 QC 検定 合格テキスト」（弘文社）
「よくわかる　4級 QC 検定 合格テキスト」（弘文社）
「実力養成！2級 QC 検定 合格問題集」（弘文社）
「実力養成！3級 QC 検定 合格問題集」（弘文社）
「実力養成！4級 QC 検定 合格問題集」（弘文社）
「2級 QC 検定 直前実力テスト」（弘文社）
「3級 QC 検定 直前実力テスト」（弘文社）
「4級 QC 検定 直前実力テスト」（弘文社）
「本試験形式！2級 QC 検定 模擬テスト」（弘文社）＊本書
「本試験形式！3級 QC 検定 模擬テスト」（弘文社）
「本試験形式！4級 QC 検定 模擬テスト」（弘文社）

※法改正・正誤などの情報は，当社ウェブサイトで公開しております。
http://www.kobunsha.org/

※本書の内容に関して，万一ご不審な点や誤り，記載漏れなどお気付きの点がありましたら，郵送・FAX・Eメールのいずれかの方法で当社編集部宛に，書籍名・お名前・ご住所・お電話番号を明記し，お問い合わせください。なお，お電話によるお問い合わせはお受けしておりません。
郵送　〒546-0012　大阪府大阪市東住吉区中野2－1－27
FAX　（06）6702-4732
Eメール　henshu2@kobunsha.org

※本書の内容に関して運用した結果の影響については，責任を負いかねる場合がございます。本書の内容に関するお問い合わせは，試験日の10日前必着とさせていただきます。

本試験形式！　2級QC検定 模擬テスト

| 編　著 | 福井清輔 |
| 印刷・製本 | 亜細亜印刷㈱ |

発　行　所	株式会社 弘文社	〒546-0012 大阪市東住吉区中野2丁目1番27号
		TEL　（06）6797-7441
		FAX　（06）6702-4732
代　表　者	岡﨑　靖	振替口座 00940-2-43630
		東住吉郵便局私書箱1号

落丁・乱丁本はお取り替えいたします。